华章 IT

HZBOOKS | Information Technology

计算机视觉增强现实
美术内容设计

深圳中科呼图信息技术有限公司 ◎编著

机械工业出版社
China Machine Press

图书在版编目（CIP）数据

计算机视觉增强现实美术内容设计 / 深圳中科呼图信息技术有限公司编著 . —北京：机械工业出版社，2017.7

ISBN 978-7-111-57691-4

I. 计… II. 深… III. 计算机视觉 - 美术 - 设计 - 研究 IV. TP302.7

中国版本图书馆 CIP 数据核字（2017）第 186002 号

计算机视觉增强现实美术内容设计

出版发行：机械工业出版社（北京市西城区百万庄大街 22 号　邮政编码：100037）

责任编辑：吴晋瑜　　　　　　　　　　　　　责任校对：李秋荣

印　　刷：中国电影出版社印刷厂　　　　　　版　　次：2017 年 9 月第 1 版第 1 次印刷

开　　本：185mm×260mm　1/16　　　　　　印　　张：13.75

书　　号：ISBN 978-7-111-57691-4　　　　　定　　价：59.00 元

人文主义与人工智能

欧洲文艺复兴不管是在文学还是艺术方面，都留下了灿烂的文化遗产。时至今日，我们依然能站在梵蒂冈博物馆的楼顶欣赏米开朗基罗设计的宏伟广场，在卢浮宫看到达·芬奇的蒙娜丽莎面露神秘的微笑。但丁的《神曲》唱响了文艺复兴的赞歌，伽利略通过多次实验发现了自由落体、抛物体和振摆的运动规律，使人对宇宙有了新的认识。经济和科技的发展带动资本主义的萌芽，为这场思想运动的兴起提供了可能。城市经济的繁荣，使事业成功、财富巨大的富商、作坊主和银行家更加相信个人的价值和力量，更加充满创新进取、冒险求胜的精神。

1978 年出版的《小灵通漫游未来》，应该是影响 60 后和 70 后的儿童科普读物。今天看来其中有些内容实现了，有些还停留在实验室，但人类对科学的探索始终没有停止，好奇心促使我们一直向前。当代科技的发展更新速度似乎越来越快，特别是以数字为核心的计算机技术已经全面进入日常生活。1995 年，凯文·凯利在《失控》一书中提到：大众智慧、云计算、物联网、虚拟现实、网络社区、网络经济、协作双赢、电子货币……如今，这些颇具科幻色彩的词汇都已不再神秘。

2017 年，以色列作家尤瓦尔·赫拉利在《未来简史》中提出，以碳基为基础建立的人类文明也许很快会被以硅基为基础的更高级算法所替代，人工智能终有一天会升级并超越人类文明。这在很多人看来是匪夷所思的，但面对今天数字技术的飞速发展，我们的确需要认真思考这一问题。科技给人类生活各方面带来的变化是历史的大势所趋，同时，这种变化也在不断促进各个领域的飞跃。对科技引入艺术也是目前各专业美术院校布局中的重中之重，尤其是在相关课程和教学方法方面，可谓求贤如渴。

本书的书名"计算机视觉增强现实美术内容设计"看起来属于理工类范畴，但其实直接关系到人们生活中的设计与创造，关系到人们的审美与运用。增强现实（Augmented Reality，AR），是一种实时的、基于摄像影像的位置和角度并加上自定义图像的技术，这种技术的目标是在屏幕上把虚拟世界叠加在现实世界上并能与用户进行互动。这种技术最早于 1990 年提出，率先应用于军事领域。随着随身电子产品运算能力的提升，增强现实的用途越来越广，如展览展示、市场营销、车载系统、游戏娱乐、医疗助手、教育、工业产业、军事领域等。在各类应用中，AR 已悄然嵌入以前的多种领域。而对 AR 的教学与创作也是国内各专业美术院校逐渐展开的必修课程之一，从甲骨文、龟壳、竹简到鼠标、键盘，再到虚拟影像，人类在不断寻找更加便捷的书写与绘画的材料。

　　本书从 AR 在生活中的应用开始讲起，结合 UI 设计、3D 建模、动画、影像制作以及美术训练中的造型与色彩基础、灯光与特效等，由浅入深、详实地讲解 AR 的制作过程。通过学习本书，读者可以了解和掌握一个 AR 项目从前期策划到美术内容制作及最后的程序输出等一系列完整的制作流程和技术指导。对于美术学院的 AR 教学，本书不仅具备技术性，同时也可以很好地结合各艺术专业基础，实用性强，可实施程度高，是非常不错的教科书。

　　谁也无法准确地预测未来，但未来总是建立在我们现在所做的工作之上的，也许若干年之后回望今天，我们会庆幸与本书的相遇。

李川　副教授

重庆美术家协会副秘书长

四川美术学院新媒体艺术系主任

2017 年 6 月

　　增强现实（Augmented Reality，AR）是一个新兴的行业，近年来取得了非常大的发展和非常高的社会关注度。底层软硬件技术的发展和迭代非常迅速，随着在各个传统纵深领域中的应用落地以及软硬件平台的逐步趋于成熟，催生了对优质的内容的大量需求，形成了巨大的内容开发者人才缺口。新的软硬件平台和视觉表现方式，对美术内容的制作提出了新的需求和标准。而目前很多 AR 内容开发者中的美术从业者是从游戏、影视等传统美术行业转型而来，在工业化的生产线上更注重细分领域技能的成熟和高效。AR 行业虽为新兴行业，但在寻找更好的落地方向时，需要大量的应用内容进行"试水"，所以 AR 内容开发团队趋于适合互联网时代的小型化团队，在生产上讲求短平快的高效开发，美术人员可能会面对比传统美术行业掌握更多、更全面技术的要求。

　　基于以上考量，本书并没有针对某个技术点或者软件进行深入讲解，而是从 AR 项目前期策划到各种不同类型的内容制作都有所涉及，涵盖的工具较多，技术面较广，对前期策划、UI设计以及不同类型的模型、贴图和动画制作都有所阐述，本书整体上比较注重流程的讲解，另外，在案例的选择上主要是从真实的行业应用简化而来。

　　在学习过程中，读者应注意书中涉及的部分知识点和软件（本书对此并没有进行深入和系统的讲解），如果有需求，请参考其他资料。

　　鉴于此，本书比较适合学习 AR 应用美术内容创建的初学者，以及了解美术开发的流程和工艺的 AR 应用程序开发者，同时也适合有意接触 AR 领域的传统美术行业从业者拓展技术面和了解 AR 内容开发。此外，如果结合本系列丛书的其他书籍进行学习或教学，则有助于成为或培养对 AR 行业具有全局认知并且能够独当一面的应用型人才。

　　这是我们编写的 AR 应用美术开发领域的第一本书，要讲的内容实在太多，难免存在不足之处。我们希望能够成为长伴各位读者的朋友，伴随着行业的逐渐发展和我们在技术和认知上的逐渐成熟，不断将最新的经验分享给大家，与大家共同进步。

目　录 *Contents*

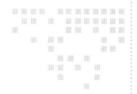

第 1 章

AR 应用发展概述

增强现实（Augmented Reality，简称 AR）技术，是将真实世界与虚拟图像、视频、音频、3D 模型以及人类感知等进行结合，并与其产生交互的技术。1968 年，作为美国计算机图形领域的专家，伊万·萨瑟兰在哈佛大学展示了第一台头盔式显示器的目镜。在这项研究的基础上，此后头戴显示器在飞机、地面车辆以及舰只训练方面都取得了不俗的成绩。随后，医疗领域也使用了这种技术，如导入人体内的探针或者内窥镜末端传出可视化图像，这种图像再传递到头戴显示器上，这样医生就可以直接把获取的信息和人体内部结构对应起来。

1997 年，增强现实领域的先驱罗纳德·东给增强现实技术做出第一次科学定义，并指出增强现实应该具有三个特点：将虚拟物与现实结合（combines real and virtual）；即时交互（interactive in real time）；三维注册（registered in 3-D）。

增强现实的发展历史虽然短暂，但是异彩纷呈，在其发展道路上充满了精彩和创新。下一节将介绍增强现实技术目前的应用情况。

1.1　AR 应用案例分析

1. 宜家 AR 体验（如图 1-1 所示，来自 App 应用网络截图）

宜家 2014 年的产品手册中配置了 AR 增强现实 App，用户可将其安装到 iOS 或者安卓系统的智能手机或平板电脑中，可以将宜家内置在 App 中的产品，如桌子、椅子或是沙发等，按照自己的意愿选择摆放到房间内来预览现实效果。这款产品从某种意义上说改变了人们的消费模式。线上体验让人们足不出户就能"逛"宜家，选择心仪的商品并购买。

2. 日本 iButterfly：增强现实捉蝴蝶游戏（如图 1-2 所示，来自 App 应用网络截图）

iButterfly 是一个有趣的捉蝴蝶应用，使用 AR（增强现实），运用运动传感器和 GPS 功能，用手机捕捉虚拟蝴蝶。玩家可以在不同的地域抓到不同品种的虚拟蝴蝶，并可以通过蓝牙与他人进行交换，捕捉蝴蝶的同时还能获得折扣优惠券，也可以得到大量的商业信息和内容。这是一种新的商业营销模式。

图 1-1   图 1-2

3. Word Lens（如图 1-3 所示，来自 App 应用）

Word Lens 是一款 AR 同步翻译应用。能够让用户通过智能手机屏幕翻译基于文本的图像。当你需要翻译不认识的外文路标、广告牌、指示语时，只需打开手机摄像头，对准这些东西，Word Lens 会利用光学字符识别技术来识别这些文字，进行翻译后，再利用增强现实技术将翻译过的文字完全覆盖在原有文字上，除语言变了之外，摄像头对着的场景不会发生任何变化。这样一来，用户可以在手机屏幕中看到由翻译结果生成的真实场景，该应用具备相当广泛的实用性。

4. 手术场景 AR——Mobile Liver Explorer（如图 1-4 所示，截图来自应用网络）

图 1-3   图 1-4

Fraunhofer MEVIS 是一家德国的医学图像计算技术公司，开发用于临床工作的互动辅助系统。Mobile Liver Explorer 是该公司推出的一项软件类技术解决方案，其核心作用是降低手术失血量，Mobile Liver Explorer 是 AR 技术在外科手术场景下的典型应用，利用智能设备的摄像头捕捉器官的影像，同时将手术计划数据进行二维和三维成像，再叠加到器官上，从而在手术过程中为医生提供实时的引导和辅助。Mobile Liver Explorer 还可以对手术中的新情况做出响应，比如通过监测枝节的长度及时更新手术计划。

5. 导航软件——TapNav（如图1-5所示，截图来自应用网络）

　　TapNav系统是一款城市导航软件，具有增强现实功能，可以实时为用户提供他们所找地方的视觉导向，帮助用户顺利找到他们想去的地点。通过把虚拟的用户行动路线叠加显示在实景道路上，经过简单的视觉提示，用户能够快速地知道他们应该如何行驶，这是比语音导航更具有优势的导航方式。

图1-5

　　在实验室里，增强现实导航系统已经被整合到了汽车挡风玻璃上，驾驶员可以在汽车挡风玻璃上看到前方道路的增强信息及导航信息，还具有速度控制、追尾规避、监测点报警、替换路线介绍、碰撞规避等功能，比手机导航更具有安全优势。

6. ARMAR增强现实维护修理应用（如图1-6所示，截图来自应用网络）

　　ARMAR应用是由哥伦比亚大学的Steve Henderson和Steven Feiner创建的增强现实维护修理程序，ARMAR可以把计算机图形叠加显示在需要维护的真实设备上，从而提高机修工的工作效率、准确性和安全性，通过头盔显示器，机器工能看到他们正在维修的机器的增强视图，这些增强视图包含机器组件标签和维护引导步骤。使用增强现实技术辅助维修，机修工能够更快地确定故障位置并开始维修工作，工作耗时在某些情况下几乎是未使用增强现实辅助所需时间的1/2。跟踪调查显示，机修工认为增强现实能够影响直觉，并且令人满意。增强现实越来越适用于各种维护和维修任务。增强现实已经在机械维修领域中起到了示范作用。

图1-6

1.2　AR的软件技术

1.2.1　SDK开发工具

1. Metaio SDK

Metaio SDK支持二维图像、三维对象、SLAM和位置跟踪、条形码和二维码扫描、连续性视觉搜索（通过 Metaio CVS 实现，无论是离线还是在线状态）以及手势检测。Metaio 还设计了自己的 AR 脚本语言，AREL（增强现实体验语言）让你可以使用常见的 Web 技术（HTML 5、XML、Javascript）去开发自己的 AR 应用，并将它们部署到任何地方，且支持 Android、iOS、Windows PC、Google Glass、Epson Moverio BT-200 和 Vuzix M-100，或是在 Unity 中使用。

2．Vuforia SDK

多目标检测、目标跟踪、虚拟按钮、Smart Terrain™（新型 3D 重构功能）和扩展追踪都是 Vuforia SDK 的主要特性，支持各种各样的目标检测（如对象、图像和英文文本），特别是 Vuforia 的图像识别允许应用去使用设备本地和云端的数据库。Vuforia 支持 Android、iOS 和 Unity，不过还有一个版本的 SDK 是用于智能眼镜的（即 Epson Moverio BT-200、Samsung GearVR、ODG R-6 和 ODG R-7），目前正在测试阶段，面向部分开发者开放。

3．Wikitude AR SDK

Wikitude AR SDK 支持图像识别和跟踪，3D 模型的渲染和动画（只支持 Wikitude 3D 格式）、视频叠加、定位跟踪和图像、文本、按钮、视频等。Wikitude AR SDK 可用于 Android、iOS、Google Glass、Epson Moverio、Vuzix M-100 和 Optinvent ORA1。此外，它还可以作为 PhoneGap 的一个插件、Titanium 的模块以及 Xamarin 的组件。

4．ARPA SDK

图像的检测与跟踪、3D 对象实时渲染，以及用户和 3D 对象的交互（比如选择、旋转、缩放）都是 ARPA SDK 能为 iOS、Android 构建 AR 应用时所能提供的功能。其中的 ARPA GPS SDK 为 ARPA SDK 补充了基于地理定位的 AR 功能：它让用户可以定义自己的 POI（信息点），在检测时，用户可以对它们进行选择并获取更多关于它们的信息，甚至是对它们执行操作（比如"带我去那"的行为，会显示一个带有已选 POI 的指示图）。而 ARPA GLASS SDK 和 ARPA Unity 插件分别为 Google Glass 和 Unity 游戏引擎提供的功能与 ARPA SDK 相似。值得一提的是，开发这些 SDK 的公司 Arpa Solutions 在过去的几年中一直在构建自己的 AR 平台，其中涉及的一些功能（脸部识别和虚拟按钮）也将可能会转移到这些 SDK 中。

5．ARLab SDK

使用 AR Browser SDK，用户可以实时地从场景中添加和移除 POI，还可以与它们互动（触摸或将相机指向它们），或对它们执行操作（如发送短信或分享到 Facebook 上）。Image Matching SDK 允许用户使用成千上万的图像去创建自己本地的匹配池（加载本地资源和远程 URL），即使在没有连接网络的情况下，也可以通过它来匹配任何图像，当然它也支持二维码和条形码识别。除了这两个 SDK，ARLab 即将推出 Object Tracking、Image Tracking 和 Virtual Button SDK，而以上所提到的所有 SDK 都可用于 Android 和 iOS 平台。

1.2.2　内容开发工具

增强现实应用的虚拟物体包括图像、UI、声音、视频、模型以及带有动画的 FBX 文件。用户可以使用 Autodesk Maya、Autodesk 3dx Max、Adobe After Effects 等软件以及 Unity 等引擎制作所需要的内容，并与所需的 SDK 进行连接，生成所需要的 AR 应用。

1.3　AR 的硬件设备

1.3.1　移动手持式显示设备

各种智能手机及 iPad 等移动手持式设备，可以通过增强现实应用程序的实时取景器观看叠加显示的数字图像，并可以通过点击屏幕与虚拟数字图像进行交互，这就是移动手持式显示器的工作模式。

Pokemon Go 为大众所熟知（见图 1-7），这是一款基于 AR 简单的识别和定位的宠物小精灵游戏。目前大多数 AR 硬件平台都是在智能手机或者 iPad 上开发，属于初级应用。

图 1-7

1.3.2　智能可穿戴显示设备

头戴式 AR 眼镜或者头盔有微软 Hololens（见图 1-8）、Google Glass（见图 1-9）等。

图 1-8　　　　　　　　　　　　　　　图 1-9

HoloLens 就是将一台全息电脑装入头盔中，用户可以在客厅、办公室等地方看见、听见全息图，并与之互动。微软开发的头盔也可用无线方式连接到 PC，它还用高清镜头、空间声音技术来创造沉浸式、互动全息体验。

Google Glass 的主要结构为：在眼镜前方悬置的一台摄像头和一个位于镜框右侧的宽条状的电脑处理器装置，配备的摄像头像素为 500 万，可拍摄 720p 视频。镜片上配备了一个头戴式微型显示屏，它可以将数据投射到用户右眼上方的小屏幕上。显示效果如同 2.4m 外的 25 英寸（1in ≈ 2.54cm）高清屏幕。它就是微型投影仪＋摄像头＋传感器＋存储传输＋操控设备的结合体。右眼的小镜片上包括一个微型投影仪和一个摄像头，投影仪用于显示数据，摄像头用于拍摄视频与图像，存储传输模块用于存储与输出数据，而操控设备可通过语音、触控和自动三种模式控制。

1.3.3　空间增强现实设备

空间增强现实设备是利用视频投影仪、全息摄影技术和其他技术，直接把数字信息显示在真实物体上，用户可以裸眼观看，不需要再准备显示器。实时交互通过控制器终端操作，结果也会实时投影在真实物体上。这套增强现实系统可以为一大群人提供裸眼的增强现实信息。能根据应用场景的实际情况，设计出创意十足、效果酷炫的视觉效果，如图 1-10 所示。

图 1-10

1.4　AR 的应用领域

增强现实发展至今，已经以其独有的方式成功运用在了现实生活中的各行各业中，比如家装、市场营销、翻译、医疗、导航、工业维修等领域，且这一技术还在不断进步。可以预想，增强现实技术将来会越来越多地进入人们的生活中，帮助我们更好地获取现实世界的认知信息。

AR 将会成为日常化移动设备应用的一部分，在市场营销、教育、游戏娱乐、车载系统、医疗、旅游、工业产业等领域有着巨大的发展趋势。

1.4.1 展览展示

通过使用 AR 技术，参观者在浏览历史文物或其他展陈物时，静止的古建筑或者文物"活了过来"，会自动用图文语音或视频讲述相关的典故。让参观者能直观、快速、准确地获取信息，增强浏览体验，如图 1-11 和图 1-12 所示。

图 1-11

图 1-12

1.4.2 市场营销

通过 AR 技术，我们可以足不出户地根据自己的风格提前在客厅"摆放"喜欢的家具。通过参与 AR 活动的方式来宣传自己的品牌和销售活动，让更多的人了解自己的商业价值，这就是新的市场营销方式。

AR 的增强现实对于需要展现但有些难以表现的部分有着近乎还原的真实感，该技术推出不久，就在汽车界得到了较多的尝试。比较典型的是奥迪与路虎。路虎与奥迪类似，在杂志社投放品牌硬广告。借助 Blippar 这款应用，受众开启手机扫描硬广告内的图案时，在手机上就可以查看汽车视频、性能数据。与奥迪不同的是，路虎广告还能用手机的传感器玩一次加油门的小游戏。

乐高现在已经推出了可供顾客扫描包装盒的产品，通过下载专用 App，扫描包装盒的特定位置，手机屏幕上就会出现该款乐高产品的最终模型及变形，如图 1-13 所示。这让顾客在购买乐高产品之前，就能预先了解到积木的最终形态，发挥了促进销售的营销作用。

图 1-13

1.4.3 车载系统

目前车载系统已经有了高度集成的可视化组件,其中 AR 增强现实技术具有的优秀的导航功用也被应用到了车载系统里。"虚拟缆绳"就是一个车载导航系统,它可以在挡风玻璃上投影虚拟引导线和提示信息,从而为驾驶员提供导航和场景辅助。这种视觉提示能够让驾驶员得到突破正常视力范围外的前景预告。

车用增强现实系统的最终方案可能是直接集成在挡风玻璃上——挡风玻璃不再只是安全玻璃,它能够变成不透明的、加固的金属电视监控器,就像是一个牢固的、与挡风玻璃尺寸相似的可触摸平板电脑,通过外部一系列的视频摄像机把外部景象传送进来,提升汽车防护等级和安全性,如图 1-14 所示。

图 1-14

1.4.4 游戏娱乐

通过在现实世界里添加虚拟动画形象,吸引玩家积极探索周围现实世界,颠覆了以往电子游戏基于虚拟世界的定律。Pokenmon Go 这款增强现实游戏的世界级火爆现象,证明了增强现实技术在游戏行业具有巨大的发展潜力。

借助最先进的体感外设，增强现实技术可以让虚拟游戏人物精确模拟出现实人物的动作，并能和虚拟人物进行实时互动，充分感受到极限挑战的乐趣。

在娱乐演艺领域，增强现实技术还能增强演唱会和电影院的演出效果，比如，前段时间很火的李宇春演唱会（见图1-15），使用了增强现实技术，她与虚拟特效默契共舞，为观众带来了全新的视听享受。

图1-15

1.4.5 医疗助手

医疗行业往往有着海量的参考资料，即使是最优秀的医生，也无法记住所有资料。医务人员需要快速、实时地获取各种病人相关的医疗信息，而解决快速获取信息、解放双手、精确诊断并上传结果等、提高患者就诊效率和辅助手术等是医疗行业迫切需要解决的问题。我们可以通过佩戴AR设备，快速识别获取病人的相关信息，查询参考资料，并辅助外科医生准确断定手术位置，降低手术风险提高成功率，如图1-16所示。由此可见，增强现实技术在医疗领域有着巨大的发展空间和可能性。

图1-16

1.4.6 教育

利用增强现实技术能进行虚拟演示这一优势，对一些由于位置受限且通过外部其他方式无法窥见的区域（例如发动机缸体内部等）进行模拟，让人们看到这些区域的内部情况，甚至内部运转情况。因此，从建立仿真到从事虚拟研究，增强现实技术在影响和改善教育教学方式方面有着巨大的潜力。

增强现实在外语学习上的优势具有代表意义，通过专用的显示设备，需要学习语言的学生可以学校或者附近区域走动，通过增强现实程序识别物体，并用正在学习的外语来描述它，营造出一种母语环境的氛围，从而能够更好地掌握外语。

在日常的教学课堂上，增强现实也能作为课堂教育的好帮手，利用可爱的虚拟形象进行有趣的互动，帮助学生更好地吸收教学知识，提高学习的乐趣，如图 1-17 所示。

图 1-17

1.4.7 工业产业

在汽车行业，通过增强现实专用程序，可以识别出虚拟模型与真实模型的差异，或者利用增强现实空间显示技术，在真实车体上投影出车体内部的三维构造，让工业设计变得更加直观简便。

增强现实在工业维护修理领域也非常具有优势，通过专用的头戴式显示设备，操作人员可以看到他们正在维修的机器的增强视图。这些增强视图包含机器组件标签和维护引导步骤，通过把这些虚拟图形叠加到真实设备上，操作人员能快速准确地进行机器维修，不仅能节省维修培训成本，更能节省维修耗时，比传统维修方式有着更大的成本优势，如图 1-18 所示。

图 1-18

1.4.8 军事领域

增强现实技术正是从军事领域开始起步的。最早的增强现实军用应用有飞行员的头盔瞄准器和平视显示器，可以让飞行员通过简单的凝视动作就能进行目标瞄准。现在增强现实在军事领域的重要应用集中在信息增强显示上，通过各种智能穿戴设备运用在军事训练、反恐、军事打击等场景中。为士兵提供更加直观、有效的目标信息，缩短实战中的响应时间，具有重要的军事意义，如图 1-19 所示。

图 1-19

1.5 AR 应用的未来发展趋势

1.5.1 AR 市场高速发展

随着计算机软硬件水平的不断提升，AR 技术的应用越来越广泛化、深入化，在家装、机械维修、医疗辅助、游戏娱乐等领域已经有了成功案例。由于 AR 技术具有增强认知的先天优势和极强的移动属性，它的应用场景势必会更具有现实意义和实用价值。AR 技术将全方位、全景式地改善人们的日常生活与工作学习。

行业研究机构的数据表明，预计到 2020 年，AR 相关市场规模将达到 1200 亿美元，远远超过 VR 的市场规模 300 亿美元。而且业内普遍认为，AR 将取代智能手机成为下一代通用移动计算平台，这将是计算机技术史上的又一次技术浪潮。到目前为止，计算机行业的软硬件供应商已经纷纷加入了 AR/VR 下一代计算平台的产业布局中，可以预见在未来几年内，AR 市场将迎来发展的黄金期，其市场规模将进一步扩大。

1.5.2 AR 技术以移动 AR 为主要方式

AR 增强现实技术的主战场就是现实世界，因为它是把用户带入"现实世界"中体验，所以只有具有智能便捷的移动性，才能充分发挥它的优势。所以，未来的 AR 技术将以移动

AR 为主要形式。

目前对 AR 技术的未来畅想中，关于 AR 技术的最终载体还有待验证。科学家们提出纳米技术仿生眼将是 AR 技术的最终形态。通过佩戴已经集成智能显示器件的仿生眼，人类可以直接观察到已经得到信息增强显示的现实世界，举手投足之间就能控制信息处理命令，而不用再依赖繁复沉重的外部智能设备。

1.5.3　改变消费者习惯

AR 技术在教育、旅游、展览、购物等垂直领域的应用正在改变着消费者的习惯，在改善消费者消费场景应用上有着巨大的发展潜力。利用增强现实的虚拟形象或者虚拟讲解，让人们在购买产品或者商品之前就能了解到产品信息，从而更好地为消费者服务。

例如，AR 教育可以为学生创造母语学习环境，可以帮助老师进行虚拟实验，帮助学生更好地学习；AR 旅游可以利用自助智能旅游导览、景点文物的虚拟讲解、景区实景漫游等应用，提升旅游用户体验；AR 购物可以实现一键试穿，在电商上具有极大的应用空间。在线下购物场景的导购、商品呈现等方面，AR 应用也同样潜力巨大，这一技术将深刻改变消费者习惯。

1.5.4　内容呈现类型多样

信息的增强显示已经在数据挖掘上有所体现，通过对大数据的搜集分析，数据可视化技术可以精确量化数据模型，从而导出与数据模型相关的行为分析，将最终结果直接通过 AR 显示设备展现出来。

根据人们获取信息处理信息反馈信息的不同流程，结合 AR 应用的不同场景，AR 内容具有极大的多样性和丰富性，例如在 AR 购物中，AR 内容就是人们所试穿的商品，通过三维建模技术虚拟还原的商品，叠加显示在真实的人物身体上，达到虚拟试穿的效果。在 AR 导览中，AR 内容是对真实道路及周边建筑物位置距离等信息的增强现实，大多是用数字说明等数据形式，基于地理位置服务推送到移动终端上，帮助人们规划路线。在 AR 机械维修应用中，AR 内容就是维修流程的动态化，通过自动识别待维修的部件，叠加显示虚拟三维动画，帮助操作人员更直观快速地进行维修流程。未来的 AR 内容将更加多元化、扁平化，最终以"更好地被人们所接受与认知"为检验标准。

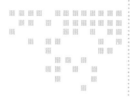

AR 应用的策划和设计

2.1　什么是项目策划

随着现代企业管理学的兴起与创新，项目管理成为第二次世界大战后期发展起来的重大新型管理技术之一，最早起源于美国，目前已成为现代商业活动中普遍的组织管理技术。

项目策划是项目管理流程中最前期的准备工作。这是一种具有建设性、逻辑性的思维过程，最终的目的就是把所有可能影响项目结果的资源总结起来，对未来起到指导和控制作用。项目策划阶段的主要内容包括：确定项目目标和范围；定义项目阶段、里程碑；估算项目规模、成本、时间和资源；建立项目组织结构；项目工作结构分解；识别项目风险；制订项目综合计划。

对于 AR 这种新兴行业，项目管理的理论知识同样适用，其项目策划阶段可能更靠近广告行业的生产流程。在明确了客户需求之后，开始进行最重要的创意设计，这是 AR 项目策划的重点。

2.2　项目策划的职位与特质

项目策划的职位，在目前的行业岗位划分里，可以归为产品经理一职。这个职位一般要求具有所在行业相关的专业技术能力，更要具有项目管理所需的沟通协调各方资源的通用性能力。这是一个统筹项目全局的职位。在不同行业不同公司，产品经理的职责权限略有不同，有的产品经理拥有项目决策的话语权，有的只是项目管理的执行者与协调者。但是，不管什么样的项目，产品经理都是项目全流程跟进的一个角色，需要对产品项目做到全局性的把控。

对于 AR 项目而言，在项目策划阶段，更考验产品经理的专业知识，毕竟 AR 算是新兴技术，对于项目最后实现的概率，需要专业的技术评判。此外，AR 是一种计算机视觉技术，需要产品经理具有相当水平的视觉美学素养，这可能是 AR 行业的产品经理区别于其他行业的产品经理最大的特质。同时具有 AR 相关技术的专业知识和视觉美学素养，是一个优秀的 AR 产品经理应该必备的职业技能。

2.3 资料搜集和市场调查

作为一门结合多项计算机信息技术的综合性学科，AR 技术的发展紧跟计算机软硬件的发展水平，更新迭代十分迅速。这就要求在做 AR 项目策划时，需要对市场上 AR 技术与硬件设备有深入的了解，还能对未来技术实现趋势有一定的判断预测能力。

目前 AR 项目大多都是"传统行业 +AR"的模式，这就要求在做项目策划时，除了有必要了解传统行业的基础性知识外，还需要能高效构建出传统行业与 AR 结合的思维逻辑，理清项目需求的逻辑架构。

AR 项目策划前期的基础性工作：

❑ 资料搜集

- AR 最新的实现方式与技术、软硬件设备
- 国内外同类产品的参考资料
- 非 AR 的同类产品参考资料
- 项目需求所要求的相关数据、图文、艺术指导等资料

❑ 市场调查

通用的市场调查方法适用于 AR 项目的前期准备工作，这里引用 Erin Sanders 的"调研学习法"来简析市场调查的流程，如图 2-1 所示。

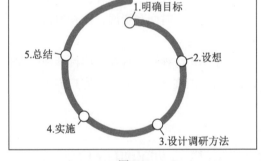

图 2-1

1. 明确目标

在市场调研前，首先要明确我们需要知道什么？通常针对 to C 的产品，可以总结为 5w 和 1H。

❑ who: 目标用户

❑ when：用户使用产品的时间点 + 行为习惯

❑ what：用户会做什么

❑ where：用户使用场景

❑ why：用户需求

❑ How：用户执行任务或达到目标采取措施的细节。

也就是说，我们要知道，什么样的人用什么样的设备干什么样的事情。

2. 设想

在明确目标问题之后，解决问题之前，要先有个预设（假设）。在我们的印象中，用户

是什么样的、他们有什么行为习惯、他们有什么偏好，等等。

3. 设计调研方法（主要部分）

那么，如何去填补我们不知道的部分？与做其他任何研究一样，这一步必须明确调研方法。针对不同的 AR 项目，具体项目具体分析，设计出适合实际情况的调研方法。

4. 实施

根据选择的调研方法，收集数据，分析数据。收集数据的渠道可以是免费的公用资源，也可以是专业的收费性咨询机构。不管来源于何处，得到有效的数据反馈才是最重要的。

5. 总结

验证假设是否正确。如果正确，就可以开始项目策划的实质性阶段；如果不正确，可能就需要重新再推导、再验证。

2.4　客户需求的分类与不同设计思路

根据 AR 项目一般都是"传统行业 +AR"的模式，在原有传统行业的基础上，进行 AR 技术的增值性服务，所以这类项目需求可以用 KANO 模型对需求进行分类。KANO 模型定义了三个层次的顾客需求：基本型需求、期望型需求和兴奋型需求。

1. 基本型需求

用户认为产品"必须有"的属性或功能。当其特性不充足（不满足用户需求）时，用户很不满意；当其特性充足（满足用户需求）时，无所谓满意不满意，用户充其量是满意。

如果此类需求没有得到满足或表现欠佳，用户的不满情绪会急剧增加，并且此类需求得到满足后，可以消除用户的不满，但并不能带来用户满意度的增加。产品的基本需求往往属于此类。

设计思路——这是整个项目策划的重点，重点满足这个需求的创意策划。

2. 期望型需求

要求提供的产品或服务比较优秀，但并不是"必须有"的产品属性或服务行为。有些期望型需求连用户都不太清楚，却是他们希望得到的。在市场调查中，用户谈论的通常是期望型需求。期望型需求在产品中实现得越多，用户就越满意；当没有满足这些需求时，用户就不满意。

如果此类需求得到满足或表现良好的话，用户满意度会显著增加；如果此类需求得不到满足或表现不好的话，用户的不满也会显著增加。这是处于成长期的需求，是用户、竞争对手和企业自身都关注的需求，也是体现竞争力的需求。对于这类需求，企业的做法应该是注重提高这方面的质量，要力争超过竞争对手。

设计思路——根据项目预算，结合用户的实际情况，有针对性地满足某些期望型需求，侧重于展现企业自身的业务能力。

3. 兴奋型需求

要求提供给用户一些完全出乎意料的产品属性或服务行为，使用户产生惊喜。如果其特性不充足时，并且是无关紧要的特性，则用户无所谓；如果产品提供了这类需求中的服务时，用户就会对产品非常满意，进而提高忠诚度。

此类需求一经满足，即使表现并不完善，也能让用户满意度急剧提高；此类需求如果得不到满足，往往不会招致用户的不满。这类需求往往代表顾客的潜在需求，企业的做法就是去寻找发掘这样的需求，领先对手。

设计思路——此类需求一般是我们主动寻找的潜在的市场需求，用户可能还没有注意到或者发掘到，这种具有先见性的需求，在设计策划上需要更具有吸引力的创意表现，对企业业务能力要求也最高。

2.5　项目策划的结果输出

项目策划一般是在需求明确后就开始实施的，是对项目进行全面的策划，它的输出就是"项目综合计划"。

项目综合计划涵盖了整个项目管理流程中所有需要执行的各个子计划。比如，项目时间进度计划、项目成本预算计划、项目质量计划、项目风险计划等。

对比常规的项目综合计划，目前 AR 项目策划一般输出的有：

❑ 分镜（story board），又叫故事板，是指电影、动画、电视剧、广告、音乐录像带等各种影像媒体，在实际拍摄或绘制之前，以图表的方式来说明影像的构成与解析，为项目制作阶段提供技术准绳的作用。

❑ 项目人力资源管理计划，这是对整个 AR 项目所需资源的调配与协调管理。

❑ 项目成本预算管理计划。

❑ 项目时间节点计划。按时完成 AR 项目的里程碑事件很重要。时间节点一定要把握好。

❑ 项目风险管理计划。AR 项目对现有技术的依赖性很强，这决定了它自身实现的风险也很大，很有必要制订 AR 项目的风险管理计划。

❑ 项目质量管理计划。AR 项目经过故事版的输出，已经基本确定了各个阶段的质量范围，不管是三维模型视觉方面的创意，还是程序部分功能的满足，都有了质量标准。

2.6　本章小结

AR 项目策划的特殊性，在于其能应用于所有的传统行业，并没有一个普遍适用的项目制作规范，所以，需要更多既有创造力、想象力，又有丰富行业知识的专门策划人员，共同推动 AR 行业的繁荣发展。

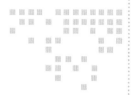

AR 应用的 UI 设计

3.1 UI 的相关概念

用户界面（User Interface，UI），也称人机交互界面。以智能手机为例，我们通过用户界面实施各种操作。从事界面整体设计工作的人，称为 UI 设计师。UI 又包括 WUI（Web User Interface）网页设计和 GUI（Graphic UI）移动端设计，如图 3-1 所示。界面设计是一个复杂的设计过程，需要熟知设计学、心理学、语言学等相关方面知识。UI 设计的准则是"用户至上"，以此为基础，进行用户界面设计。

图 3-1

3.2 UI 的设计原则

UI 设计应遵循以下原则：

① 用户界面简易性。界面设计简洁、明了，易于用户控制，并减少用户因不了解而错误选择的可能性。

② 用户语言界面设计中，以用户使用情景的思维方式做设计，即"用户至上"原则。

③ 减少用户记忆负担，相对于计算机，要考虑人类大脑处理信息的限度。所以 UI 设计时需要考虑到设计的精练。

④ 保持界面的一致性，界面的结构必须清晰，风格必须保持一致。

3.3 AR 应用中 UI 界面的显示方式

1. 显示在屏幕中的 UI 界面

以手机或者平板电脑等手持终端为硬件的 AR 应用与用户使用的 App 中的 UI 是一样

的，图 3-2 和图 3-3 中的 UI 是在手机或者平板电脑屏幕上显示的。

图 3-2

图 3-3

2. 显示在 AR 眼镜中的 UI 界面

如图 3-4 所示，我们可以通过查看眼镜上实时更新的数据，对自身和周边的情况进行判断和分析，就像《钢铁侠》电影中的显示方式一样。消防救援领域已经开始有这方面的 AR 应用了，它可以极大地降低救援风险，提高救援成功率。

图 3-4

3. 投射在用户眼镜前的 UI 界面或者跟随识别物体模型出现的 UI

如图 3-5 所示，它具有一定的空间纵深和三维效果。我们首先通过 UI 设计得到用户界面布局，然后在三维软件中制作出模型，将之前设计好的 UI 以贴图的形式在模型上显示，如图 3-6 所示。

图 3-5

图 3-6

3.4 AR中与UI交互的方式

AR 中，与 UI 交互的方式主要有屏幕手势操作、手势识别交互及视线停留触发交互。

1. 屏幕手势操作

AR 目前在移动智能手机和平板电脑上有大量的应用，用户与虚拟物体交互的方式除了和其他应用 UI 界面的操作方式一样外，还可以对虚拟物体以及三维场景中的 UI 进行点击、双击、滑动、缩放等操作，如图 3-7（来自宜家 AR App 操作截图）所示的 AR 应用中，用户可以拖动虚拟物体，将其放置在合适的位置，并可以通过食指和中指进行缩放。

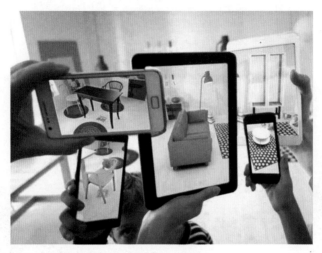

图 3-7

一般手机和平板电脑的手势有以下几种，如图 3-8 所示。

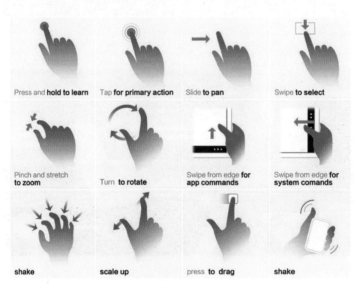

图 3-8

❑ Tap（点击）：通过点击来选择一个对象。

❑ Drag（拖动）：通过拖动来将物体移动到新的位置。

❑ Flick（滑动）：通过滑动来进行快速滚屏。

❑ Swipe（手指轻扫）：可以显示更多的内容，如可以显示隐藏的内容。

❑ Double tap（双击）：通过双击，可对对象进行放大和缩小的转换。

❑ Pinch open（双指张开）或者 Pinch close（双指闭合）：通过双指可以对对象进行缩放操作。

❑ Touch and hold（长按）：通过长按可在可编辑或可选择的文字上显示放大镜以及复制等操作。

❑ Shake（摇晃）：通过摇晃机身可执行重做或撤销的操作。

2. 语音交互

用户也可以通过语音识别输入对 AR 应用进行控制。如图 3-9（截图来自 Google Glass AR 应用截图）所示，用户可以使用语音进行翻页、返回、拍照等操作。

图 3-9

3. 手势识别交互

用户佩戴 AR 眼镜后，可以在空间中点击虚拟 UI 或者虚拟物体，与它们进行交互，如 HoloLens 中的 air-tap 手势、Bloom 手势等，如图 3-10 所示。

图 3-10

4. 视线停留触发交互

用户可以通过短时间注视 UI 界面进行操作，如图 3-11 所示。

图 3-11

3.5　用户界面设计流程

用户界面设计流程大体上分为结构设计、交互设计和视觉设计三个部分，如图 3-12 所示。

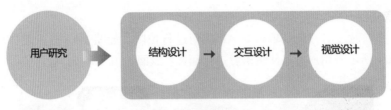

图 3-12

1. 结构设计

结构设计是界面设计的骨架，通过对用户任务的分析以及对用户需求的定位，设计出相应产品的整体架构。

2. 交互设计

交互设计遵循"可用性"与"用户至上"的原则，让用户和产品之间通过交互功能设计，达到易于用户理解、便于操作的目的。

3. 视觉设计

在结构设计的基础上，参考用户心理和任务完成视觉设计，包括形状、色彩、字体、动态效果等。视觉设计要以用户舒适、愉悦使用为目的。

3.6　AR 中 UI 的制作概述

3.6.1　UI 界面设计

1. AR 界面布局

界面布局是指对界面上的文字内容、图形及表格进行设计、布局。好的布局，要完整地考虑页面信息的布置，既要考虑用户需求、用户习惯和用户行为，也要考虑信息发布者的目的及其目标。

（1）层次信息分布

根据用户需求，考虑增加相应的层级信息。明确信息内容，尽量减少不必要的添加。

（2）弧形分布

相对于传统的 UI 界面设计，目前 AR 的 UI 界面设计中大多采用弧形分布的布局。

弧形分布的特点如下：

① 相对于直角，圆形（环形 / 弧形）设计应用更符合人的视觉习惯，使人在心理上更容易适应。

②相对于 AR 物品展示，弧形设计能展示更多内容。

③相对于其他设计，弧形设计布局更加美观，易于操作。

④让用户更具有空间立体感。

2. 层级关系

视觉元素如果有清楚的浏览次序，那么应该明确它们的层级关系。也就是说，如果用户每次都按照同样的顺序浏览同样的东西，不清晰的层级没法告诉用户哪里才是重点，最终会显得杂乱，使人困惑。在不断变更设计的情况下，很难保持明确的层级关系，因为所有元素的关系都是相对的。如果所有元素都被强调，那么相当于没有被强调。如果要添加一个特别重要的元素，设计师可能要考虑重设每一个元素，以再次达到清晰的层级。多数人不会注意视觉层级，但这是增强设计最简单的方法。

3.6.2　图标设计

1. 风格

UI 设计的风格大体分为扁平系和拟物系。目前，在 AR UI 制作中最为流行的是扁平化设计。扁平化概念的核心意义是：去除一切繁杂的装饰效果，凸显"信息"本身，同时在设计元素上强调极简、抽象以及符号化，如图 3-13 所示。

图 3-13

2. 颜色

一般来说，设计中有一个三色搭配原则，即单个界面的颜色不超过三种，如图 3-14 所示。注意，是三种，而不是三个。三种以上的颜色会让人觉得眼花缭乱。

第一种　　　　第二种　　第三种

图 3-14

3. 字体

在字体的选择上，配合扁平化设计风格，选择简单、表意明确的字体，如图 3-15 所示。

图 3-15

3.7　本章小结

本章主要讲解了 UI 中色彩的概念，以及在 AR 交互体验中人与界面交互的方式，并介绍了 UI 的显示方式。值得注意的是，AR 中有的 UI 需要跟随在识别物体上，是一个三维界面，对此我们一般先将 UI 设计好，然后以贴图的形式使用模型来呈现。

内容生产工具和一般流程

4.1　通过三维扫描创建模型

4.1.1　3D 扫描设备发展状况以及应用范围

3D 扫描技术的应用发展，是随着 20 世纪 90 年代虚拟现实（VR）技术的发展浪潮而兴起的。虚拟现实技术是一门涵盖了数字图像处理、计算机图形学、多媒体技术、传感器技术等多种信息技术分支的综合性学科。对于虚拟现实来说，追求高仿真、完全沉浸式的虚拟体验是该技术的终极目标。虚拟搭建的环境场景或者模型需要具备高精度的准确性，才会让构建的虚拟体验震撼人心。3D 扫描技术应运而生，极大地解决了虚拟现实技术所面对的大规模扫描现实模型及获取数字化数据的瓶颈。

目前针对单点测量的传统高精度测绘技术已经十分成熟，但是对于高精度逆向三维建模及重构，再高精度的单点测绘也无用武之地。3D 扫描技术可以解决少则几万个、多则几百万的数据扫描需求，而且还能进行全自动扫描，这对于虚拟现实技术所需要的庞大建模工作量是十分有帮助的。

随着 3D 扫描技术的发展，3D 扫描设备得以更新换代，从第一代以点测量扫描为主的测量扫描仪，经过了第二代以三维台式激光扫描仪、三维手持式激光扫描仪、关节臂＋激光扫描头等为代表的线测量扫描仪，发展到如今占主流的拍照式三维扫描仪、光栅式扫描仪和三维摄影测量系统等第三代面测量扫描仪。各种类型的 3D 扫描设备可以适用于扫描距离不等、行业应用不同的多种需求场景。

3D 扫描技术是传统正向建模（如 CAD、CATIA、UG 等人工操作建模）的对称应用，所以称为逆向建模。逆向建模技术可以把常规的生产内容重构分解以回到原始设计阶段，再进行各种结构特性的分析，这种建模技术在虚拟现实、柔性制造、虚拟制造、虚拟装配等行业应用得非常广泛，而且还能进行适当的后期处理测绘、计量等工作，如图 4-1 和图 4-2 所示。

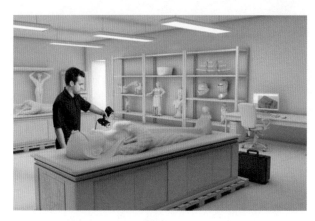

图 4-1

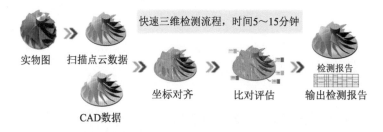

图 4-2

　　3D 扫描技术目前已经应用于我国多家模具厂，并取得了显著效果。加载数字化系统软件的高速 3D 扫描仪可以提供实物模型扫描、模型再加工再创造等众多功能，不仅大大缩短了研制模型的设计周期，还提供了模型扩展的可能性。3D 扫描技术在汽车、摩托车、家电行业的成功应用，预示着该项技术未来可以在智能制造领域发挥出更大的价值。在传统应用行业，如建筑和土木工程、加工工业和数字工厂、检测和逆向工程、历史遗产恢复工程、取证和事故现场应用等场合（见图 4-3），3D 扫描技术也有非常大的应用空间。

图 4-3

4.1.2 3D 扫描数据采集的流程及其优化

3D 扫描数据采集的原理非常简单。扫描仪发出的测量光束照射在被扫描物体的表面后，计算出测量点和扫描仪之间的距离，如图 4-4 所示。当测量点足够多时，就可以得到被扫描物体的大致轮廓，再在这些相邻的点之间建立某种联系，就可以形成完整的三维立体模型。3D 扫描技术经过更新迭代，已经从最初的点测量扫描发展到现在的面测量扫描，数据采集流程得到了极大的优化。

此处以结构光 3D 线测量扫描法来说明数据采集的流程及其优化。对于由摄像机、光学投射器和计算机系统组成的结构光 3D

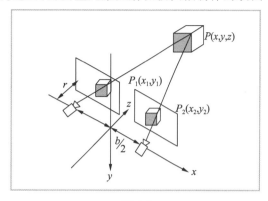

图 4-4

扫描系统，其工作原理是通过设置两部摄像机的光学三角法进行测量，光学部件投射出一定模式的结构光，照射在待扫描物体表面，通过接收反射光并计算距离，就可以得到待扫描物体表面的三维图像。另一台摄像机通过处理已接收的三维图像，计算出待扫描物体表面的二维畸变图像。因为光条的畸变程度已经由摄像机之间的相对位置、光学投射器、待扫描物体的表面外形所决定，所以，通过已得到的待扫描物体表面的二维畸变图像，就可以对现成的三维图像进行自动优化，如图 4-5 所示。对待扫描物体表面的平整程度、物理间隙等细微之处进行再处理，让待扫描物体的最终三维模型达到逼真流畅的效果。这也是目前比较流行的 3D 扫描技术的优化方法之一。

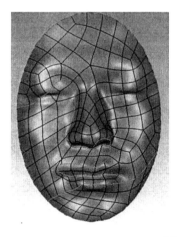
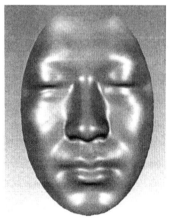

图 4-5

4.1.3 使用影像自动化生成 3D 模型

近些年随着 AR、VR、MR 等技术的高速发展，传统的三维建模方式已经不能满足目前市场的需求，我们不再局限于过去的方式去搭建更复杂的环境建模，还要更有效率、更加准确。

影像自动化生成 3D 模型技术以大范围、高精度、高清晰的方式更全面地记录复杂场景，通过高效的数据采集设备及专业的数据处理流程生成数据结果，在提供真实效果的同时有效提升三维模型的生产效率。这种技术应用于文物单位、地质测量、建筑 3D 建模、3D 打印等行业。

1. 软件介绍

目前用到的影像自动化生成 3D 模型软件大致有 Agisoft PhotoScan Pro、PhotoModeler、Autodesk 123D Catch 等。

在本书中，我们着重介绍 Agisoft PhotoScan Pro 这款软件。Agisoft PhotoScan Pro 是一款基于影像自动生成高质量三维模型的优秀软件。该软件能够将二维的平面影像进行重建，生成 3D 模型。而且 Agisoft PhotoScan Pro 没有复杂设置，可以对任意照片进行处理，照片的拍摄位置是任意的，无论是航摄相片还是高分辨率数码相机拍摄的影像都可以使用。但是为了保证准确性，我们还是需要尽量把所要完成项目的信息全部记录下来，避免工作中出现信息采集不全的尴尬。

软件输入格式包括 JEPG、TIFF、PNG、BMP 和 JEPG Multi-Picture Format(MPO)。

软件输出格式包括三维建模常见的格式有 GeoTiff、xyz、Google KML、COLLADA、VRML、Wavefront OBJ、PLY 及 3DS。

2. 拍照部分

首先需要准备好需要制作模型的照片，然后按照以下规则进行拍摄前的准备，最后完成拍摄操作。

① 相机选择。应注意以下内容：

❑ 尽量选择高分辨率的单反相机，建议 1000 万像素以上的分辨率。

❑ 避免使用广角镜头，镜头焦距控制在 20 ～ 80mm，最好是 50mm 焦距镜头。

❑ 最好选择定焦镜头。如果使用变焦镜头，请将该镜头焦距设置成最大或最小值。

② 相机设置。应遵循以下规则：

❑ 将相机调整为最大分辨率模式。

❑ ISO 值应设置为最低，否则高 ISO 会产生噪点。

❑ 光圈值应该足够高（光圈越小越好），以产生足够的景深，背景不要太模糊。

❑ 快门速度不应该过慢，否则轻微的动作就会造成图像模糊。

❑ 最高精度合成时（如人像 3D 建模），建议使用无损压缩，TIFF 格式的原始数据是最好的，（在拍摄时选择 RAW 模式，然后使用 Photoshop 等工具转化为 TIFF 格式）。

③ 拍摄照片。应注意以下内容：

❑ 拍摄时，要保证整个被拍摄的物体以及背景绝对不能移动或变动。

❑ 对于不同规则的物体，拍摄前要规划好其摆放方式。一般来说，通过移动相机能够方便地把物体各个角度细节都拍摄清楚即可。

❑ 测试版不提供物体底部的合成，因此在拍摄时，请规划好如何摆放更为合适。

❑ 在一定程度上，照片的数量会直接影响合成效果，但是过多的照片也没有任何意义，根据物体复杂程度，我们一般建议 30 ～ 70 张。

❑ 相邻照片之间的重叠率最好控制在 60% ～ 80%，要保证被拍摄物体的同一个点至少有 3 张相邻照片被拍摄到。

❑ 对于复杂物体，我们建议：首先镜头和物体中心保持水平，围绕物体拍摄一圈；然后再高于和低于水平 30° 分别拍摄一圈，最后物体顶部需要加拍一些，并补拍一些局部细节（提示：如果物体的某个局部没有被拍摄到，计算机是不会识别的）。

❑ 每张照片中，要保证被拍摄物体全部在画面中，且被拍摄物体应该占画面的绝大部分——画面面积的 80% 左右，切记，是大部分画面，不是 100%！背景还是非常重要的。

❑ 有些时候需要对物体的局部细节进行拍摄，此时不用拍摄整个物体和背景。

❑ 在拍摄时，对于有些物体可以选择相机中的人像模式拍摄。

❑ 良好的照明有助于结果的质量，尤其是凹陷、镂空部分，要充分照明，避免出现黑黑的画面，否则计算机不认为那是空的。

3. 通过软件制作模型

具体步骤如下：

① 打开已经安装好的软件 Agisoft PhotoScan Pro，如图 4-6 所示。

软件的界面如图 4-7 所示。

图 4-6

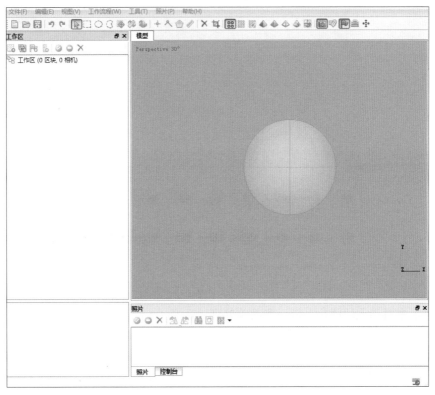

图 4-7

② 我们会在左侧的工作区域中看到图 4-8 所示的 UI 按钮，单击它会添加一个堆块。堆块类似于一个工程文件，后面针对制作模型的工作都在这个堆块中进行。

③ 选中堆块后，单击鼠标右键，会弹出如图 4-9 所示的菜单，选择"添加照片"命令，把准备好的照片导入软件中。

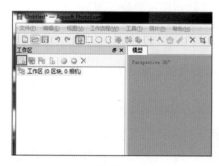

图 4-8

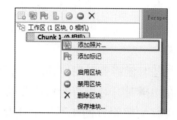

图 4-9

④ 导入成功后，我们会在界面正下方的照片窗口里看到照片文件，如图 4-10 所示。

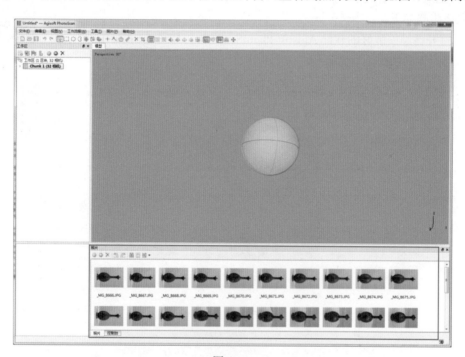

图 4-10

⑤ 接下来对导入的照片先做一些简单处理，选择"Chumk 1（32 相机）"，单击鼠标右键，会弹出如图 4-11 所示的菜单，选择"处理"→"对齐照片"命令。

⑥ 执行上述操作后，会在软件中央弹出图 4-12 所示的对话框，在"精度"选项中选择"最高"（这里软件还提供了"高""中""低"等选择，等级越高，效果越好，不过相应的对齐时间也会长一点，同时对机器配置也有一定的要求。通常选择"中"就基本够了），"成对预

选"处选择"已禁用",其他项使用默认选项。

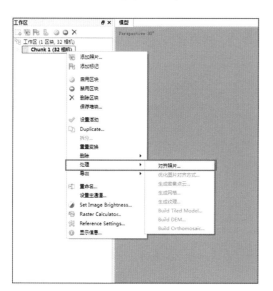

图 4-11

图 4-12

⑦ 完成对齐后我们会看到,软件通过运算把照片均匀地排列开来,如图 4-13 所示。这样方便软件读取不同角度照片的信息。如果照片有大量的重叠,这个时候再进行下面的工作就没有意义了。如果出现这种情况,就表明使用的照片在拍摄时没有区分出物体与环境,需要根据出错的那几张照片进行重新拍摄,或者在 Photoshop 中处理。

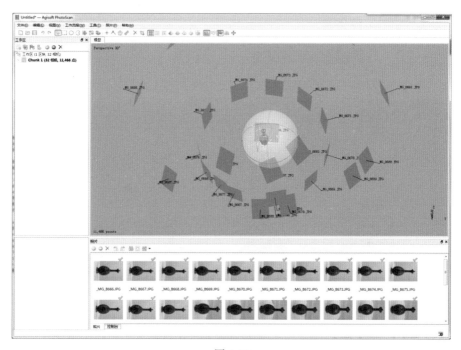

图 4-13

⑧ 对齐照片后，我们还会执行一次"优化图片对齐方式"命令，确保优化图片的对齐方式，如图 4-14 所示。

在"优化图片对齐方式"对话框中，一般勾选"拟合 k4"选项，其他选项按系统默认值，如图 4-15 所示。

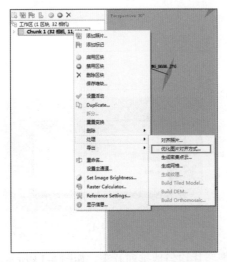

图 4-14   图 4-15

⑨ 处理完照片后，我们就可以使用软件来提取照片中的信息了，选择"处理"→"生成密集点云"命令，如图 4-16 所示。在弹出的对话框里选择质量，质量选择越高，生成的速度越慢，计算机配置比较好的可以勾选"超高"，一般到"高"就可以了，高级部分我们使用默认设置，如图 4-17 所示。

图 4-16   图 4-17

⑩ 密集点云生成完毕后，我们可以观察到模型的大概样子，我们还需要做下一步操作，如图 4-18 所示。

⑪ 把点云变成网格，选择"处理"→"生成网格"命令，在图 4-19 所示的对话框里，我们在"源数据"处选择"密集点云"，"面数"可以根据需求选择，其他选项保持默认值。

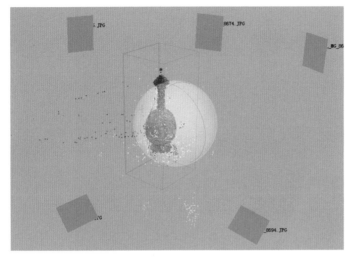

图 4-18　　　　　　　　　　　　　　　　　　　图 4-19

4. 导出生成的模型

我们看到模型基本已经生成了，但是瓶子顶部还有一点模型没有计算出来，这时有两种解决办法：①重新把顶部照片处理一下再生成，如图 4-20 所示；②将模型导出到 3D Max 或者 Maya 重新编辑，如图 4-21 和图 4-22 所示。

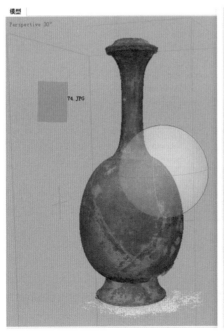

图 4-20

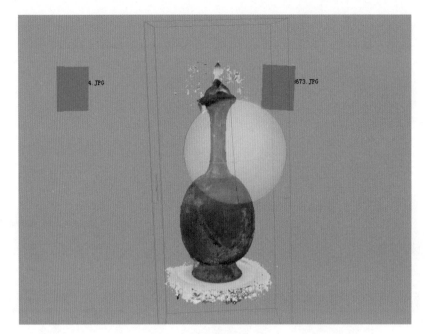

图 4-21

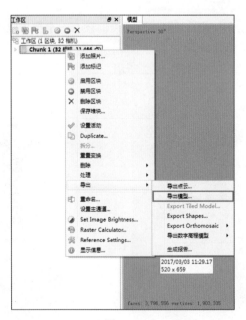

图 4-22

5. 总结

在软件更迭快速的年代，我们已经不再用人工方式一点一点通过调整点线面的方式来完成一些复杂的建模和贴图工作。我们通过摄影、无人机航拍等辅助方式，记录下制作物体的影像信息，然后通过软件快速地完成一些复杂的建模贴图工作，这样不仅提高了工作效率和准确性，还大大解放了双手，让我们不再大量做重复的工作，能处理更多具有创意性的工作。

4.2　使用软件创建项目 / 产品

4.2.1　常用软件工具介绍

AR 中所需要表现的内容十分多样化，包括图像、声音、UI、视频、三维模型和三维动画等，所以需要运用到的软件也比较多样。下面列举一些常用的软件工具，并简要介绍它们的特点。

1. Photoshop

Photoshop 是由 Adobe Systems 开发和发行的一款图像处理软件，具有功能强大、集成度高、适用面广、操作简便等优点。Photoshop 主要处理由像素构成的数字图像，使用其众多的编修与绘图工具，可以有效地进行图片编辑工作。它不仅提供了强大的绘图工具，可以绘制艺术图形，还能从扫描仪、数码相机等设备采集图像，对它们进行修改、修复，调整图像的色彩、亮度，改变图像的大小，还可以对多幅图像进行合并并增加特殊效果。PS 的诸多实用功能让它在图像、图形、文字、视频、出版等各行业都有广泛的应用。

2. Maya

Maya 即 Autodesk Maya，是美国 Autodesk 公司出品的世界顶级的三维动画软件，应用于专业的影视广告、角色动画、电影特技等领域，具有制作效率极高、渲染真实感极强的优点。Maya 集成了 Alias/Wavefront 最先进的动画及数字效果技术，不仅包括一般三维和视觉效果制作的功能，还与最先进的建模、数字化布料模拟、毛发渲染、运动匹配技术相结合，可以在 Windows NI 与 SGI IRIX 操作系统上运行。目前市场上用于进行数字和三维制作的工具中，Maya 是首选的电影级别高端制作软件。

3. 3D Studio Max

3D Studio Max 常简称为 3ds Max 或 MAX，是 Discreet 公司开发的（后被 Autodesk 公司合并）基于 PC 系统的三维动画渲染和制作软件。其前身是基于 DOS 操作系统的 3D Studio 系列软件。在 Windows NT 出现以前，工业级的 CG 制作被 SGI 图形工作站所垄断。3D Studio Max + Windows NT 组合的出现降低了 CG 制作的门槛，首先运用在电脑游戏中的动画制作，后来开始参与影视片的特效制作，例如《X 战警 II》《最后的武士》等。在 Discreet 3ds Max 7 后，正式更名为 Autodesk 3ds Max。

4. Headus UVLayout

Headus UVLayout 是一款专门用来拆分 UV 的软件，它基于物理算法将 3D 物体表面展开，用户利用缝合切割功能，创建低 Poly 或 SUBD 表面的工具，而且支持导入其他几何模型进行编辑。Headus UVLayout 的操作非常简便，可以设置快捷键配合鼠标直接滑动操作，而且自动摊平 UV 的效果非常好，可以媲美 Maya 的 Relax 功能。

5．AE

AE 的全称为 After Effect，是 Adobe 公司开发的一个视频剪辑及设计软件。AE 是用于高端视频特效系统的专业特效合成软件，它借鉴了许多优秀软件的成功之处，将视频特效合成提升到了新的高度。Photoshop 中层的引入，使 AE 可以对多层的合成图像进行控制，从而制作出天衣无缝的合成效果。关键帧、路径的引入，使 AE 对控制高级的二维动画游刃有余，高效的视频处理系统确保了高质量视频的输出，令人眼花缭乱的特技系统使 AE 能实现使用者的一切创意。当然，最重要的是，AE 同样有 Adobe 优秀的软件兼容性。

4.2.2　一般工作流程

研发一个项目或者产品的工作流程大体分为项目立项、项目策划、项目研发和产品发布。

1．项目立项

这一阶段的主要工作如下：

① 客观分析公司或者团队的技术资源和技术能力。

② 分析产品在市场中的定位，或者了解客户对产品的定位和目标。

2．项目策划

这一阶段非常复杂和多样化，而且在开发的过程中会不断地更改和添加工作内容。主要目的是完成项目的雏形，为开发者提供思路、方向、品质参考、开发周期、制作人员配置、硬件配置资料等。

3．项目研发

这一阶段可根据需要，进行 UI、声音、故事板等其他工作。这里简要介绍一下三维内容在这个阶段的流程。三维模型制作部分按照类型可以分为生物和非生物，但它们在制作的流程中有相似的地方。

① 根据项目策划，原画组会设定出三维角色或场景的原画参考图，我们根据原画进行分析，了解结构、材质、比例等细节。

② 收集材质纹理参考资料。

③ 开始制作基础模型，控制模型面数，注意关节处的合理布线。

④ 模型制作完成后，进行 UV 的展开、拆分和整理。

⑤ 贴图制作。根据项目所需，可以制作的贴图类型为纹理贴图、法线贴图、高光贴图等。

⑥ 角色制作完成后，根据项目所需对角色进行骨骼搭建与蒙皮。

⑦ 根据项目策划设计出的动画脚本以及声音参考，动画师进行动画制作。

⑧ 动画输出 FBX 等格式，导入 Unity 或者 UE4 等其他引擎和其他可使用三维模型的 SDK 中进行材质的制作、特效的制作和整合。

⑨ 根据项目策划，进行程序功能的实现和输出。

4．产品发布

项目在制作后期会进行大量的功能测试以及 bug 的检查和修复，达到项目需求或者客户需求后完成版本的提交，后期还要进行版本的更新迭代。

AR 内容开发案例：场景

5.1　场景模型的搭建

　　场景模型的搭建就是将场景中的每一个模型元素组合到一起，并用灯光、烘焙等手段来表现出场景氛围。室内建筑效果图就是场景的一种表现方式，但目前效果图的做法都是渲染一张单一的平面图，用户只能从固定的某个角度获取室内设计的信息，不能真正自由地进入场景中去体验，所以这种体验方式效果并不理想，市场需要我们突破这种传统的表现方式。AR 技术正好能满足现阶段的需求，AR 场景的表现效果和带入感都是很不错的。关于怎样做出一个符合 AR 场景要求的模型贴图，我们将会通过传统模型制作方式讲解，围绕适合引擎最好效果贴图制作的讲解和将模型导入 Unity 3D 引擎的讲解来展开，效果如图 5-1 ～图 5-4 所示。

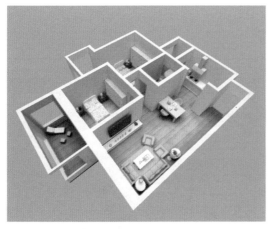

图 5-1

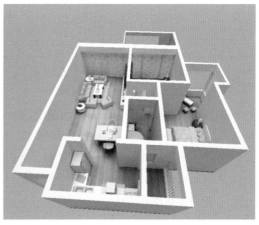

图 5-2

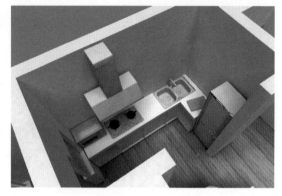

图 5-3　　　　　　　　　　　　　　　　　图 5-4

5.1.1　场景模型制作前的准备工作

设置单位

在 3ds Max 菜单栏选 Customize（自定义）菜单，选择下拉菜单中的 Units Setup 命令，进行单位的设置，如图 5-5 所示。

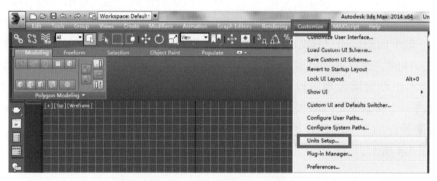

图 5-5

注意 不同的项目要求会有不同的单位设置，本章案例用到的单位比例（Display Unit Scale）设置为厘米（Centimeters），系统的单位比例（System Unit Scale）也设置为厘米（Centimeters），其他的数值项不变，如图 5-6 所示。

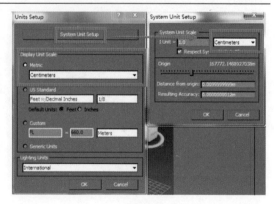

图 5-6

5.1.2　物件类模型

单位设置完成后，我们开始建模。下面通过一个沙发和一把椅子的模型来讲解模型的制作过程。我们可以通过网络找到沙发和椅子的合适参考图。

案例一：沙发

首先做沙发最下面的垫子，选择右侧创建面板的 Extended Primitives（中文含义为"扩展基本体"），如图 5-7 所示。

选择 ChamferBox（切角长方体），在视图中创建一个 ChamferBox 几何体，我们在右侧修改几何体的参数面板，把 Fillet Segs（圆角分段数）改为"5"，使 ChamferBox 几何体倒角看着圆滑但是又不会太高。将 Length（沙发垫子长度），改为"50.0"，将 Width（沙发的宽度）改为"150.0"，将 Height（沙发垫子高度）改为"16.0"，将 Fillet（沙发边缘圆角）改为"2.0"。调整完毕后，第一块沙发坐垫的模型就做好了，如图 5-8 所示。

图 5-7

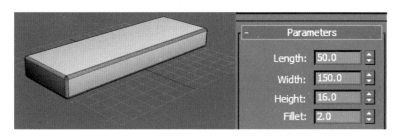

图 5-8

然后做第 2 块坐垫，在前视图中按住 <Shift> 键向上拖动，复制出另一个垫子模型。在弹出的面板中勾选 Copy，再单击 OK 按钮确认，如图 5-9 所示。

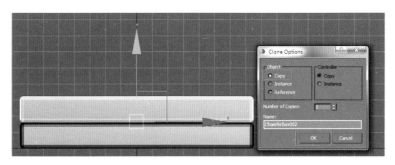

图 5-9

我们把复制的大坐垫调整为沙发上的 3 块小坐垫。参数调整如下：将 Width 改为"50.0"，将 Fillet 改为"5.0"，再向左右各复制出一个。注意，这里的要点是勾选 Instance。为什么要选择 Instance 呢？因为这 3 块坐垫是相同的，在后面展 UV 的时候只用展开其中的一个，另外两个也会跟着关联展开，非常方便。这样，3 个小坐垫就做好了，如图 5-10 所示。

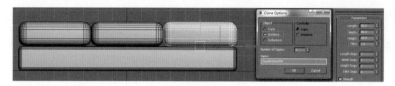

图 5-10

接下来制作沙发两侧的扶手，点击 ChamferBox，在顶视图拖出一个扶手，如图 5-11 所示。修改右侧参数面板的设置：将 Length 改成"50.0"，将 Width 改成"16.0"，将 Height 改成"60.0"，将 Fillet 改成"2.0"。然后按住 <Shift> 键，向右边复制出一个，沙发两侧的扶手模型就完成了，如图 5-12 所示。

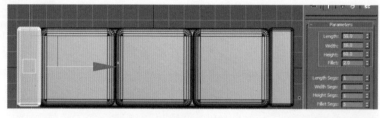

图 5-11

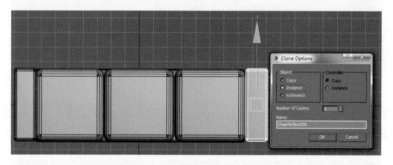

图 5-12

接下来做沙发的靠背模型，同样在顶视图中拖出一个切角长方体。修改右侧参数面板的设置：将 Length 改成"16.0"，将 Width 改为"182.0"，将 Height 改成"60.0"，将 Fillet 改为"2.0"。调整完毕后，靠背模型就做好了，如图 5-13 所示。

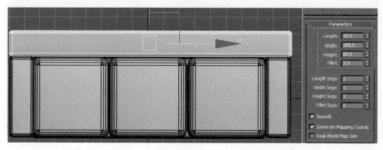

图 5-13

现在，沙发的大体形状已经出来了，接下来做沙发的靠垫。在创建面板里单击 Standard Primitives 标准基本体，选择 Plane 面片。前视图中创建一个 Square 面片，在右侧的参数面板中调整数值，即将 Length 改成 "40.0"，将 Width 改成 "40.0"，将 Length Segs 和 Width Segs 都改成 "5"，如图 5-14 所示。

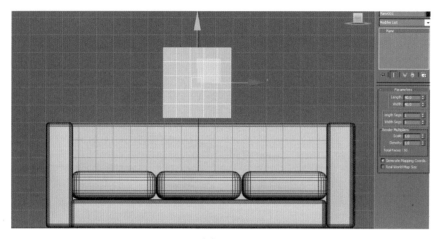

图 5-14

接下来将 Plane(面片) 转换为 Editable Poly(可编辑多边面)，可以使用面片的点、线、面进行操作，如图 5-15 所示。

在右侧的参数面板中选择点模式，将四周的点全部选中用缩放命令（按快捷键 R 调出缩放工具）向中间聚拢，使模型 4 个边有向内收的弧度，注意不要拖动 4 个顶角的点，主要是为了做出靠垫鼓鼓的感觉，如图 5-16 所示。

选中靠垫中间全部的点，将其沿着 Y 轴向外拉，再选择靠垫中心的 4 个点向外拉出来一点，这样就呈现出圆鼓鼓的外形，模型从外向内过渡要平滑，如图 5-17 所示。

图 5-15

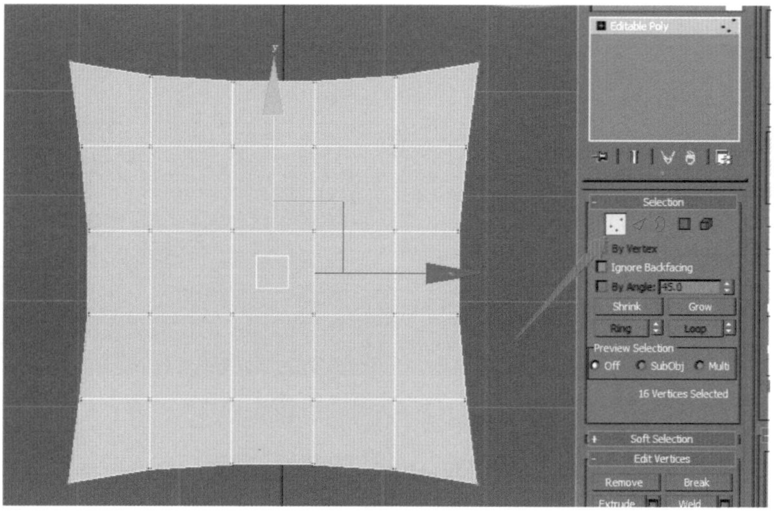

图 5-16

调整完成后，我们选择镜像工具复制出靠枕的另一半，这样一个完整的靠枕模型就呈现出来了，如图 5-18 所示。

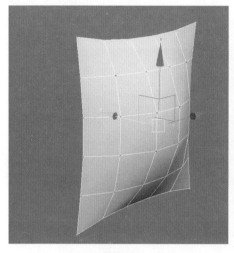

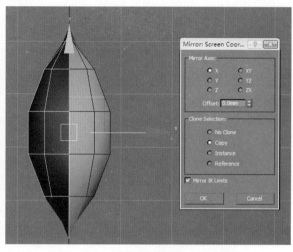

图 5-17   图 5-18

把靠垫两个模型合并成一个模型，选择其中一个模型，单击鼠标右键，选择 Attach（合并）命令，单击未选中的另一半模型，将两个模型合并在一起，如图 5-19 所示。

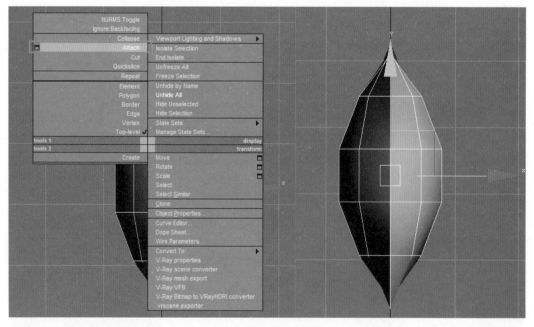

图 5-19

合并后，还需要对衔接部分的模型做焊接处理，选择衔接部分的点或者整个模型全部的点，单击鼠标右键，选择 Weld（焊接）命令，如图 5-20 所示。

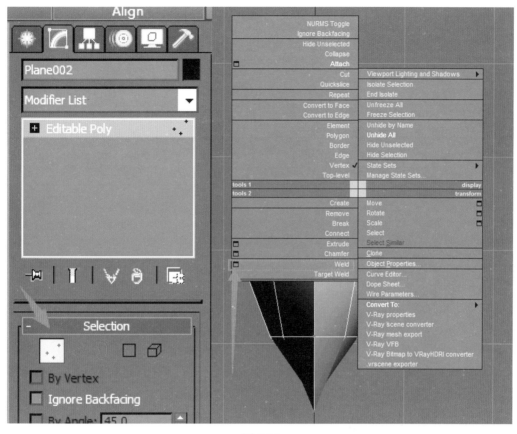

图 5-20

在弹出 Weld 命令的小视窗中，调整焦接点的距离值，注意：数值不要过大，否则会影响其他的点，这里设置为"0.1"。我们也可以观察焊接视窗中焊接模型前后点的数量变化做出判断，如图 5-21 所示。

选择靠枕 4 个角上的 4 个点，再加选 4 个点对角的点，单击鼠标右键，从弹出的快捷菜单中选择 Connect（连接）命令，如图 5-22 所示。将选择点中间加上一根连线，这样做的目的是避免进入 Unity 引擎中，引擎会将模型自动转换为三角面显示，容易导致顶角前后的面重合在一起，从而出现显示错误。调整完毕后，我们将靠枕模型移动到沙发坐垫上的位置，如图 5-23 所示。

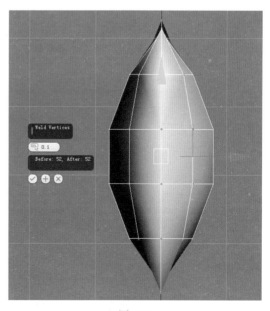

图 5-21

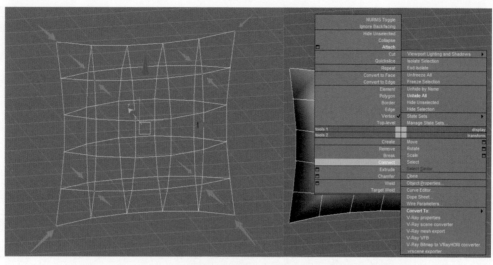

图 5-22

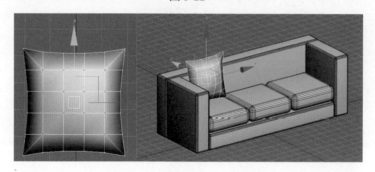

图 5-23

将做好的靠枕模型向右复制两个出来。按住 <Shift> 键，同时按住鼠标左键，向右拖动复制。注意勾选 Instance，并将 Number of Copies（表示模型需要复制的数量）设为 "2"，如图 5-24 所示。

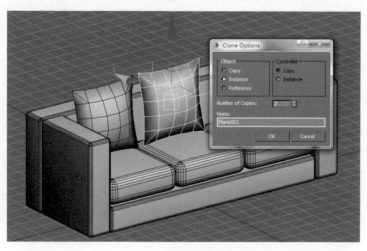

图 5-24

至此，沙发模型就全部做好了，如图 5-25 所示。

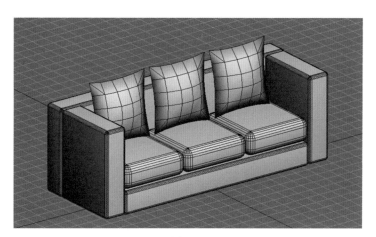

图 5-25

案例二：椅子

我们选择的椅子如图 5-26 所示，这种椅子的结构轮廓主要是曲面，而 Max 中没有相似的几何体可以直接使用，只能通过 Max 提供的简单面片模型来调整出椅子形状（用简单的面片主要是为了快速塑造出椅子造型），通过增加和移动旋转模型的点、线、面来调整出椅子的曲面，如图 5-26 所示。

在控制面板里单击 Standard Primitives 标准基本体的 Plane 面片，在前视图中创建一个面片模型。修改 Plane 参数面板：将 Length 改为"5.0"，将 Width 改为"2.5"，将 Length Segs 和 Width Segs 都改成"4"。调整完毕后，将模型转换为可编辑多边形，如图 5-27 所示。

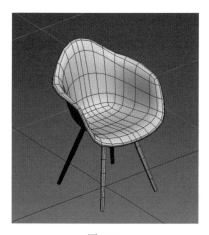

图 5-26

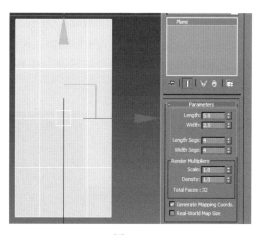

图 5-27

在面片模型的面级别下选择一半的模型，按键盘上的 <Delete> 键删除，如图 5-28 所示。

单击 Mirror 按钮，如图 5-29 所示，然后在设置面板里选择"X"（即根据 X 轴向进行对称），勾选 Instance 选项，这样我们只需调整沙发的一边，即可关联另一边模型，可减少工作量。

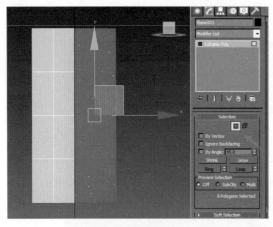

图 5-28

图 5-29

我们按照椅子的外轮廓对面片进行点、线、面的编辑，得到椅子的大致样子，如图 5-30 所示。

图 5-30

在基础座椅造型中继续增加面数，让模型的曲面看着更加平整。调整过程中，由于我们是手动拖动点、线、面来构成座椅曲面，所以会有一些线框分布得不是很匀称。这种情况下，可以使用 Relax（松弛）命令。该命令在 Editable Poly 的 Paint Deformation 下的 Relax 放松按钮，如图 5-31 所示。

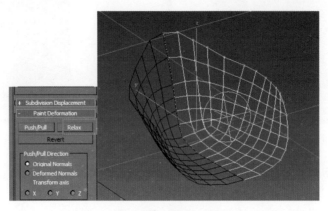

图 5-31

按 <Shift> 和 <Ctrl> 键加鼠标左键调节 Relax（放松）笔刷大小，按 <Shift> 和 <Alt> 加鼠标左键调节笔刷强度。弧度调整完毕后，接下来做出椅子的厚度——给模型加一个 Shell 命令。图 5-32 为调节完成后的效果。

接下来做椅子腿，我们在创建面板里的 Standard Primitives 中选择 Cylinder（圆柱），在顶视图中拖建出来。在控制面板中修改参数：将 Radius（半径）设为"0.15"，将 Height（高度）设为"5.0"，将 Height Segments（高度段数）设为"5"，将 Sides（面的段数）设为"8"，如图 5-33 所示。

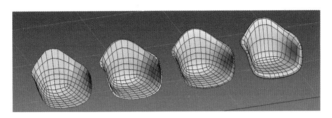

图 5-32

把圆柱转换为可编辑多边面，在点模式下调整圆柱，选中一圈点进行缩放，从上到下、由大到小地变化，调整过程中模型过渡要自然，如图 5-34 所示。

图 5-33

图 5-34

在 Editable Poly 的面模式下，选择模型顶端的面，单击鼠标右键，使用 Bevel（斜角）命令。椅子腿就完成了，如图 5-35 所示。

接下来复制做好的这只椅子腿，在前视图中用旋转命令将其放到椅子合适的位置。再将其镜像左右复制出另一条腿，椅子前面的两条腿就完成了，如图 5-36 所示。选择侧视图复制出后面的两条椅子腿，如图 5-37 所示。

至此，椅子的所有部件都完成了，我们需要用前面讲

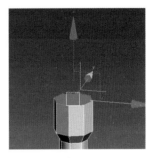

图 5-35

过的 Attach 命令把这些部件合并成为一个模型，如图 5-38 所示。

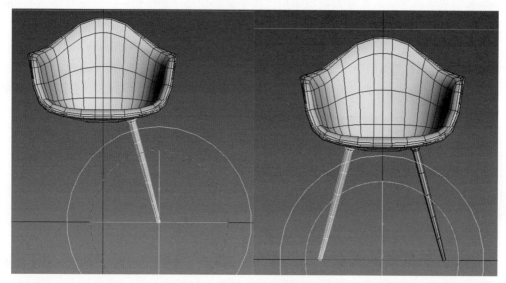

图 5-36

图 5-37

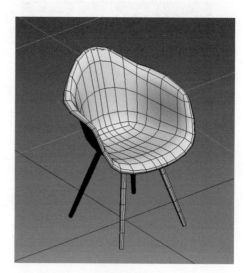

图 5-38

5.1.3　制作和导出 UV

我们在这里大致讲一下什么是 UV，大多数材质贴图都是为 3D 曲面指定的 2D 平面。这说明贴图位置和变形时所用的坐标系与 3D 空间中使用的 X、Y 和 Z 轴坐标不同。特别是，贴图坐标使用的是字母 U、V 和 W。在字母表中，这三个字母位于 X、Y 和 Z 之前。U、V 和 W 坐标分别与 X、Y 和 Z 坐标的相关方向平行。如果查看 2D 贴图图像，U 相当于 X，代表着该贴图的水平方向；V 相当于 Y，代表着该贴图的竖直方向；W 相当于 Z，代表着与该贴图的 UV 平面垂直的方向。

"UVW 展开"修改器用于将贴图（纹理）坐标指定给对象和子对象选择，并手动或通过各种工具来编辑这些坐标。还可以使用它来展开和编辑对象上已有的 UVW 坐标。使用"UVW 展开"修改器时，通常将对象的纹理坐标分解为更小的组（称为簇）。这样就可以在基本纹理贴图的不同区域中精确地定位簇，从而实现最佳的贴图精度。每个簇包含一个称为贴图接缝的轮廓，该轮廓在视口中叠加在对象上。这可以有助于看到对象表面上贴图簇的位置。

学习了 UV 的概念后，我们还需要对展开 UV 技巧做一些学习，我们以做好的沙发模型作为 UV 展开的示例。

首先，从沙发扶手开始，选择命令面板的 Unwrap UVW，打开 UV 编辑器（Open UV Editor），如图 5-39 所示。

从 UV 的概念中我们了解到，扶手最终显示是记录 2D 平面贴图 UV 坐标的，所以需要把这个扶手展开成 2D 平面。要把方块展开成平面，就需要对方块切线，切线的地方尽量选择在底面、背面、侧面这些不明显的地方。在模型 UV 里选择线，选择完毕后就可以切线了，如图 5-40 所示。

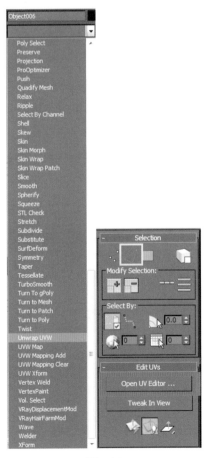

图 5-39

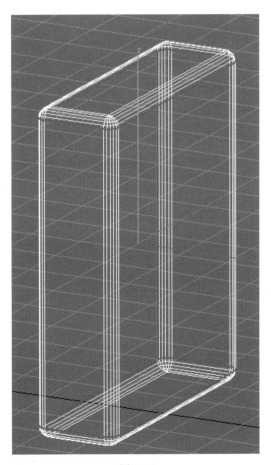

图 5-40

在 UV 编辑器里单击鼠标右键选择菜单里的 Break 命令，断开刚才选择的线段，如图 5-41 所示。

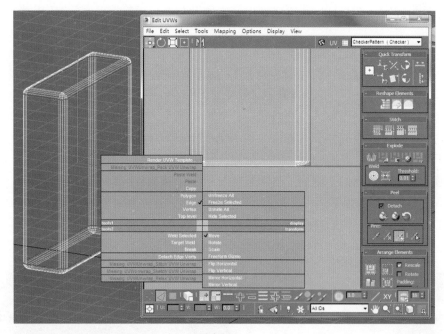

图 5-41

在面模式下选择整个物体。单击 UV 编辑器菜单栏的 Tools，在其下拉菜单中选择 Relax 命令，如图 5-42 所示，可以消除或最大限度地减少纹理贴图的扭曲。

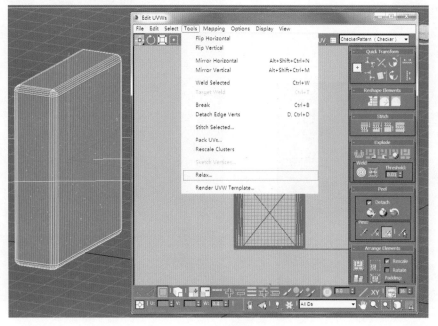

图 5-42

打开 Relax Tool 对话框之后，在下拉列表里选择 Relax By Polygon Angles，即按照面进行松弛。这是基于面的形状松弛顶点，将面的几何形状与 UV 面对齐。该方法主要用于去除扭曲，而并不是去除重叠，最适用于更简单的形状。相应的数值设置为：将 Iterations 设为"500"，将 Amount 设为"1"，将 Stretch 设为"0.0"。然后，单击 StartRelax 按钮进行松弛，如图 5-43 所示。

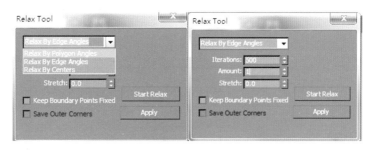

图 5-43

若一次没有完全展开，可以多次单击 Start Relax 进行松弛。完全展开后，得到如图 5-44 所示的结果。

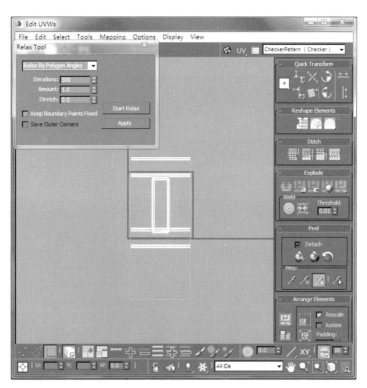

图 5-44

先将 UV 框移到旁边，然后单击鼠标右键，选择 Convert To → Convert To Editable Poly 命令，将其变成可编辑多边形，如图 5-45 所示。

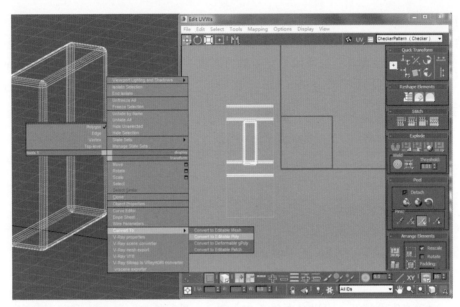

图 5-45

扶手的 UV 完成展开后，与其相关联模型的 UV 同样也展开了。然后按照相同的方法，把坐垫、靠背、抱枕等的 UV 都展开。全部展开后，选择其中一个模型，在编辑面板右侧选择 Attach，将所有物体合并成一个模型，如图 5-46 所示。

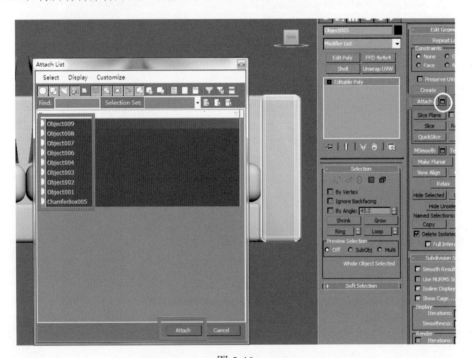

图 5-46

按快捷键 <M> 打开材质球编辑面板，如图 5-47 所示。单击 Diffuse 贴图的通道（旁边的小框）选择 Checker（棋盘格）贴图。在 Tiling 处输入"30.0"和"30.0"，然后把这个材质球赋予模型，就可以很清楚地看到物体的 UV 大小分布，如图 5-48 所示。注意，Tiling 代表的是棋盘格的密度，数值越大，代表棋盘格的密度越小。

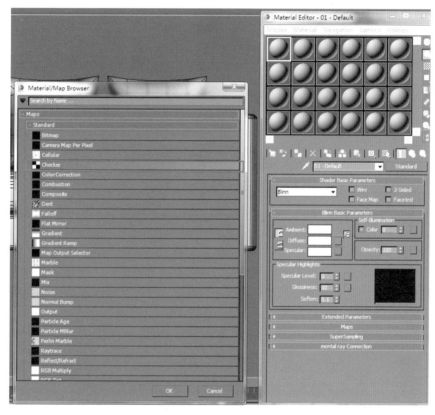

图 5-47

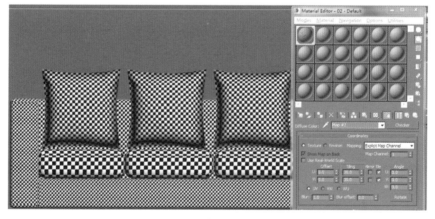

图 5-48

重新执行 Unwrap UVW 命令，打开 UV 编辑器，把所有 UV 线框放到中心的正方形棋盘格里，如图 5-49 所示。

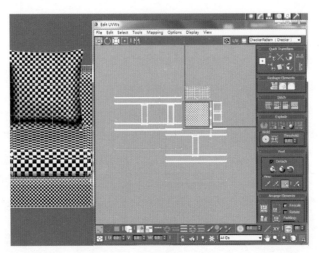

图 5-49

> **注意** ① 由于之前各个物体的 UV 是分开展开的，所以 UV 框的大小会有所不同。以这个沙发来说，它的各个部分 UV 的大小分布应该是比较均匀的，因此需要进行放缩的调整，以保证各个部分 UV 的大小是均匀的。在点模式下，勾选第四个体模式，这样选择点的时候就能整个物体都选择上。接下来在 UV 编辑框菜单栏的下一排选择第四个按钮，我们就可以以框体的方式进行选择 UV，只要拖动框 4 个角的点就可以进行 UV 缩放（橘色圈内的点）、4 个边中心的点可以进行 UV 旋转（绿色圈内的点）。在缩放时，同时按住 <Ctrl> 和 <Alt> 键，进行等比例缩放，如图 5-50 所示。

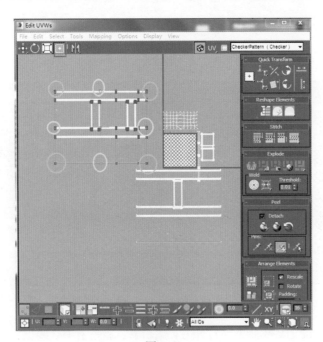

图 5-50

② UV 线框不能有重叠，其与正方形黑框之前要留有一定的空隙。各 UV 框之间也要留有一定的空隙。空隙不能太宽（UV 浪费），也不能挨得太紧，保持至少 2 个像素以上的距离。

③ UV 的摆放要注意正反和左右，以方便后续贴图材质的制作。最后，将 UV 框进行等比例缩放以后，确保各部分的 UV 分布均匀，通过棋盘格（checker）材质也能看出 UV 框的分布是否均匀，如图 5-51 所示。然后把所有部分放进中心的 UV 黑框里，UV 就摆放完成了，如图 5-52 所示。

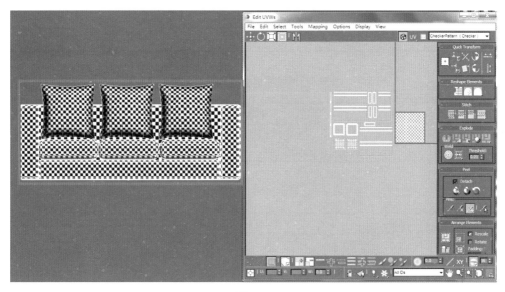

图 5-51

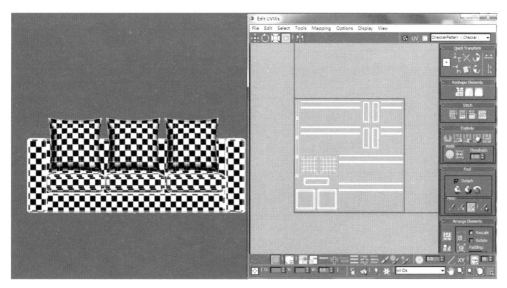

图 5-52

5.1.4 制作贴图

在制作贴图前，用户需要了解贴图每种材质的属性，便于在调整材质时有一定的参照，表 5-1 ～表 5-5 是各质感材质球的参考数值。

表 5-1 金属质感材质球参考数值

材质	漫射	反射	折射	其他
亮光不锈钢材质	黑色	浅蓝色（亮度：198 色调：155 饱和度：22） 高光光泽度：0.8 （高光大小）光泽度：0.9 （模糊值）细分：15		要做拉丝效果，就在凹凸内加入贴图

表 5-2 木纹质感材质球参考数值

材质	漫射	反射	折射	其他
木纹	贴图	亮度：18 色调：18 饱和度：18 高光光泽度：0.7	折射/反射 深度：3	

表 5-3 塑料质感材质球参考数值

材质	漫射	反射	折射	其他
磨砂塑料	适宜色	亮度：30 色调：30 饱和度：30 高光光泽度：0.5 光泽度：0.86 细分：24		

表 5-4 玻璃质感材质球参考数值

材质	漫射	反射	折射	其他
灯罩玻璃	121.175.160	默认 细分：20	180.180.180 细分：20	
玻璃桌面	玻璃色	Falloff——深绿/浅绿 fresnel 光泽度：0.98 细分：3 深度：3	细分：20 深度：3	烟雾颜色：淡绿 烟雾倍增：0.1

表 5-5 陶瓷质感材质球参考数值

材质	漫射	反射	折射	其他
陶器	白色	225		菲涅耳

1. 渲染

首先选择 V-Ray 渲染器。接下来介绍如何切换到 V-Ray 渲染器，如图 5-53 所示。

首先，单击 3ds max 菜单栏中的 Rendering(渲染)，在下拉菜单中选择 Render Setup（渲染设置）命令，也可以直接按快捷键 <F10>。

其次，在打开的窗口中切换到 Common（基础设置）选项卡，下拉到最后一个选项 Assign Renderer（指定渲染器），就可以查看现在使用的是什么渲染器。一般都是系统默认的 Default Scanline Renderer（扫描线渲染器）。

图 5-53

最后，单击扫描线渲染器旁边的方框按钮，选择 V-Ray Adv，然后单击 OK 按钮确定，就把渲染器切换成了 V-Ray 渲染器，如图 5-54 所示。

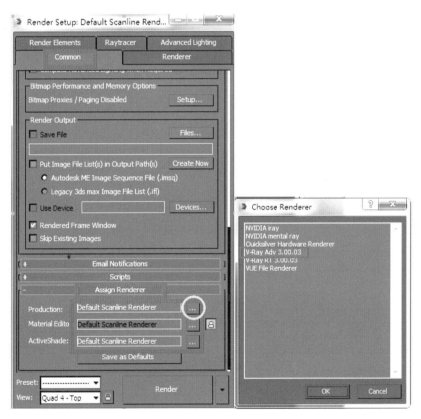

图 5-54

2. 材质球的创建

以金属材质为例，在 3ds Max 里按键盘上的 <M> 键打开 Material 材质编辑器，选择一个空白的材质球，如图 5-55 所示。

单击材质球名称旁边的 Standard 按钮，可以看到 V-Ray 下的 VRayMtl 材质球，此材质球为 Vray 渲染器指定的标准材质球，如图 5-56 所示。

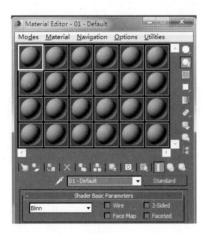

图 5-55

图 5-56

设置材质球的基本参数，即第一漫反射的设置，在漫反射里贴一张金属的贴图，如图 5-57 所示。

漫反射的颜色可以根据当前渲染场景自行调节，如图 5-58 所示。

图 5-57

图 5-58

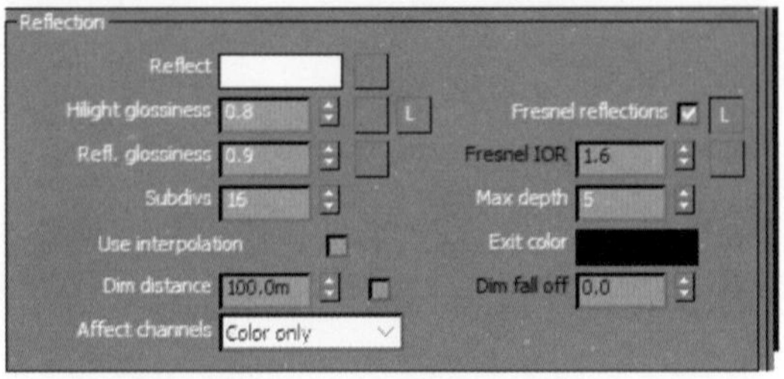

第二反射参数的设置为：将 Hilight glossiness（高光光泽度）设为 "0.8"，将 Refl. glossiness（反射光泽度）设为 "0.9"，将 Subdivs 设为 "16"，如图 5-59 所示。反射颜色是金属，所以颜色偏浅蓝色，即 Blue 设为 "219"，Hue（色调）设为 "154"，Sat（饱和度）设为 "22"。RGB 分别为（R=200；G=207；B=219），如图 5-60 所

图 5-59

示。具体可以根据当前渲染场景自行调节，如果要做拉丝效果，则要在凹凸内加入贴图。效果如图 5-61 所示。

图 5-60

图 5-61

3. 灯光

本场景内打的灯光为 VRay 平面光，即 3ds Max 右侧的创建面板中灯光下的"VRay"灯光，如图 5-62 所示。

选择其中的"VRayLight"创建一盏平面光。本场景的灯光摆放为以下方式，如图 5-63 所示。

在灯光的修改面板里修改其参数，如图 5-64 所示。

图 5-62

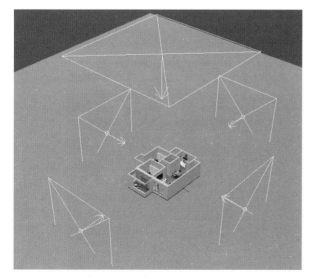

图 5-63

图 5-64

4. VR 烘焙流程

烘焙主要是将场景里的灯光通过渲染的方式直接烘焙到贴图上，生成一张带有灯光信息的贴图，如图 5-65 所示。

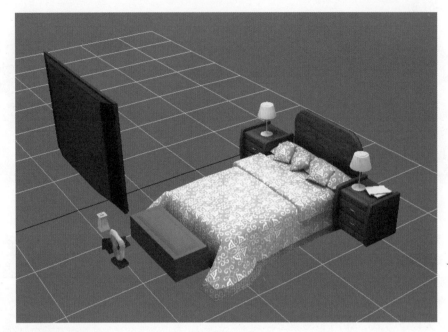

图 5-65

对于 VR 的烘焙，在拿到烘焙模型后首先检查模型与模型材质球命名。比如这里的床和电视，我们将这里分的是一张 UV。模型的命名在左侧控制面板里修改，材质名称在材质编辑器里修改，如图 5-66 所示。

图 5-66

贴图的子目录也要保持一致。接下来检查 UV 是否完好，一定要确认 UV 不重叠，如图 5-67 所示。

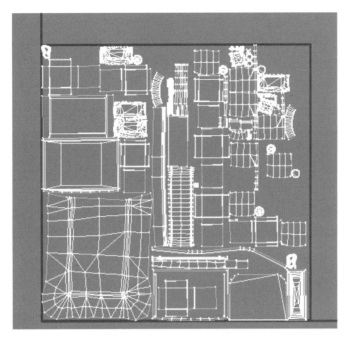

图 5-67

检查没有问题之后，按键盘上的 <0> 键，打开 Render To Texture 烘焙贴图窗口，如图 5-68 所示。

这里需要设置一下。具体步骤如下：

① 确认是否选中物体，如果选中，在 Objects to Bake 里的 Name 下方会有模型名称。下方的 Padding 代表渲染的像素溢出，这里默认选择"2"，如图 5-69 所示。

图 5-68

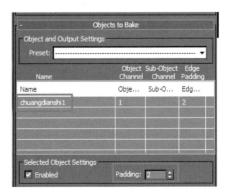

图 5-69

② 确认 UV 参数设置正确。在 Mapping Coordinates 下选择 Use Existing Channel，这代表使用已经展好的 UV，不能使用下方的 Use Automatic Unwrap，这个代表软件将自动展开 UV，渲出来的贴图会很模糊。旁边的 Channel 代表 UV 的 ID，模型的 UV 的 ID 是多少就选择多少，一般默认为 1，如果不能确定，要在模型的 Unwrap UVW 命令的 Channel 下查看，如图 5-70 所示。

图 5-70

③ 在 Output 里单击 Add 按钮，添加 VRayCompleteMap，如图 5-71 所示。

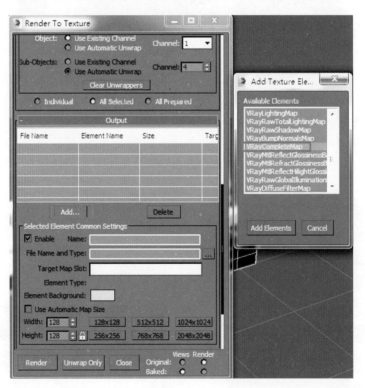

图 5-71

④ 在 Selected Element Common Settings 里设置文件的保存方式及位置，Name 是文件名称，File Name and Type 是文件位置和格式，如图 5-72 所示。

⑤ 设置贴图大小，可以先设一个小一点的尺寸，快速观察渲染贴图效果，不断进行调试，直至觉得可以了，然后再渲染一个大的尺寸作为最终渲染尺寸，如图 5-73 所示。

图 5-72

图 5-73

⑥ 单击左下方的 Render 按钮进行渲染，就会得到一张带有灯光的贴图了（为了减少在 Unity 实时灯光照明带来的硬件耗损，我们选择将阴影烘焙在贴图中），如图 5-74 所示。

图 5-74

5. 导出文件

由于 Unity 引擎本身的建模功能相对较弱，无论是专业性还是自由度，都无法同专业的三维软件相比，所以大多数游戏中的模型、动画等资源都是通过专业的三维软件来制作的，制作完成后再将其导入 Unity 中使用就行了。

Unity 支持几乎所有主流的三维文件格式，例如 .fbx、.dae、3Ds、.dxf、.obj 等。其中，最常用的三维建模软件有 3ds Max、Blender、Maya 等。

用户在 3ds Max、Blender 或 Maya 中导出文件到 Unity 工程的资源文件夹下以后，Unity 会自动更新这些资源，然后就可以在工程中使用了。我们在 3d Max 里导出场景 FBX 文件，如图 5-75 所示。

注意，不要含有灯光或摄像机文件，单击界面左上角的图标，选择下拉菜单中的 Export 命令，对场景进行导出，如图 5-76 所示。

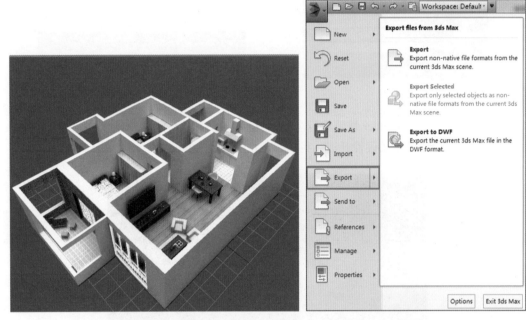

图 5-75   图 5-76

选择保存位置和文件名之后，要勾选 Embed Media，将材质球和贴图一起导出，如图 5-77 所示。

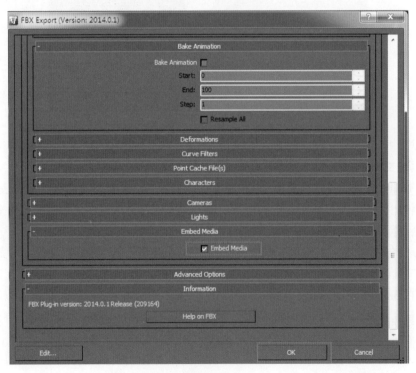

图 5-77

5.2 Unity 3D中的美术资源

5.2.1 Unity 3D中的灯光基础

灯光为一个场景提供光照支持，并决定一个场景的颜色和氛围，从而可以为整个体验提高真实度和显示效果，如图 5-78 所示。

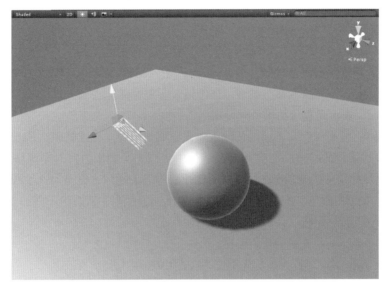

图 5-78

可以通过从菜单中选择 GameObject → Light 将其添加到场景中，如图 5-79 所示。Unity 有 3 种类型的灯光。

图 5-79

1．灯光的属性

相关属性的介绍如下。

☐ Type：灯光的类型。

- Directional：平行光，对场景的照明不受灯光位置的影响，用于模拟太阳光。
- Point：点光源，从一个位置向所有方向发射相同强度的光，可以照射其范围内的所有对象，用于模拟灯泡。
- Spot：在灯光位置上向圆锥区域内发射光线，只有在这个区域内的对象才能收到光线的照射，用于模拟探照灯。
- Area Light：面光源，仅烘焙时有效，用于灯光贴图。

☐ Baking：该选项有三个选择，即 Realtime、Baked 和 Mixed。

- Realtime：即光源不参与烘焙，只作用于实时光照。
- Baked：表示光源只在烘焙时使用。
- Mixed：该光源会在不同的情况下做出不同的响应。在烘焙时，该光源会作用于所有参与烘焙的物体；在实际游戏运行中，该光源会作为实时光源作用于那些不参与烘焙的物体或者动态的物体（不作用于静态的物体，就是勾选了 Static）。

☐ Color：光源的颜色，根据不同的环境设置不同的颜色，营造出不同的氛围。

☐ Intensity：光线强度。

☐ Bounce Intensity：光线的反射强度。

☐ Shadow Type：设置是否显示光源作用在的物体的阴影。

- No Shadows 不显示阴影，阴影不存在。
- Hard Shadows：硬阴影（无过滤），效果不是很自然，比较生硬。
- Soft shadows：柔化阴影，更加贴近实际生活中的阴影显示，但比较消耗资源。
- Strength：阴影黑暗程度，取值范围 0~1。
- Resolution：阴影的清晰度，细化度越高，消耗越大。
- Bias：阴影的偏移量。该值越小，物体表面会有来自它自身的阴影；该值太大，光源就会脱离了接收器。

☐ Cookie：灯光投射的纹理。如果灯光是聚光灯和方向灯，就必定是一个 2D 纹理；如果是点光源，必须是一个 Cubemap（立体贴图）。

☐ Cookie Size：缩放 Cookie 的投影，只适用于方向光。

☐ Draw Halo：如果勾选，则光源带有一定半径范围的球形光源。

☐ Flare：在选中的光源的位置出现镜头光晕。

☐ Render Mode：此项决定了选中的光源的重要性，影响照明的保真度和性能。

- Auto：渲染的方法根据附近灯光的亮度和当前的质量设置在运行时由系统确定。
- important：灯光是逐个像素渲染的。
- Not Important：灯光总是以最快速度渲染。
- Culling Mask：剔除遮罩，类似摄像机的遮罩，选中指定的层收到光照影响，未选中的不受到光照影响。

2．设置全局光照和烘焙光照贴图——LightMap

场景中灯光添加过度会造成资源消耗较大，为了降低资源消耗，我们在建模软件里面将光照阴影烘焙到贴图上，如图 5-80 所示。可以看到电视与墙体之间产生了阴影，餐桌与地面产生了阴影，等等。另一种方式是在 Unity 里面进行烘焙光照贴图。这两种方式都可以把光源的效果烘焙到贴图上，形成自带光源效果的贴图，从而可以减少灯光的使用。

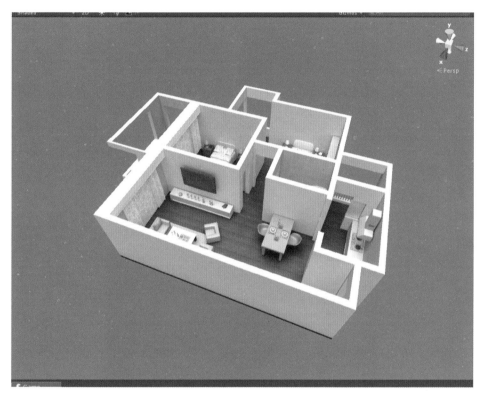

图 5-80

使用 Unity 自带的光照系统设置以及烘焙光照贴图：

GI 分为两种。一种是 Precomputed Reatime GI，这种 GI 需要预先计算，计算场景中所有静态物体的信息，并且允许在运行时任意修改光源的 Bounce Intensity 或者移动光源的位置。所有变化都是实时的。另一种是 Baked GI，这种 GI 不会预先计算但会进行预先烘焙，无法像 Precomputed Realtime GI 那样在运行时更改光源。

要想完全理解 GI，首先要介绍 Lighting 面板。

在界面中选中 Lighting，选中后在检视面板中就会出现一个 Lighting 面板，如图 5-81 所示。

图 5-81

以下是 Lighting 面板下的 Scene 选项卡，如图 5-82 所示。

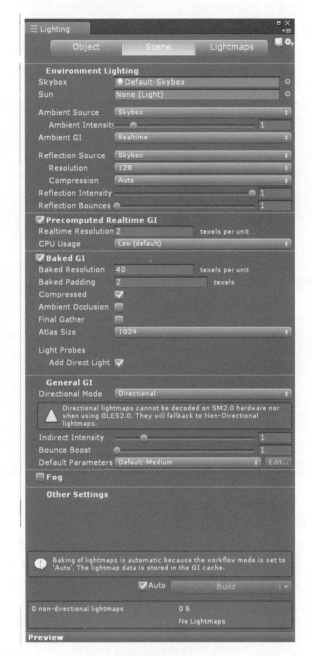

图 5-82

Environment Lighting 下的属性如图 5-83 所示。

❑ Skybox：天空盒，围绕整个场景的包装器，模拟填空效果，此项可以选择是否在场景中使用天空盒。

❑ Sun：指定某一个方向光光源，来模拟场景中的太阳。如果设置为 None，系统将默认设置场景中最亮的方向光作为"太阳"。

❏ Ambient Source：设置环境光对物体周围环境的影响来源。

　　● Skybox：使用天空盒的颜色来确定不同角度的环境光。

　　● Gradient：允许环境光从天空、视域和地面选择单独的颜色并将其融合。

　　● Color：对所有环境光使用原色。

❏ Ambient Intensity：环境光的强度。

❏ Ambient GI（全局光照）：设置处理环境光的 GI 模式（Realtime 和 Baked）。

❏ Reflection Source：使用天空的反射效果或自定义选择一个立方贴图（Cubemap）；如果选择了天空盒，则额外提供了一个选项类设置天空盒贴图的分辨率。

❏ Reflection Intensity：反射源在反射物体上的可见度。

❏ Reflection Bounces：设置不同的游戏对象之间来回反弹的次数，如果设置为 1，只考虑初始反射。

实时光照的属性如图 5-84 所示。

图 5-83　　　　　　　　　　　　　　　　　　　　图 5-84

❏ Precomputed Realtime GI：预先计算场景中所有静态物体的信息，开发者不用理会具体计算出哪些信息，这些计算出来的信息会用于实时 GI。

❏ Realtime Resolution：实时光照贴图单位长度的纹理像素，此值的设置通常要比烘焙的 GI 低 10 左右（实时 GI 的分辨率，建议不要调太高）。

❏ CPU Usage：运行全局光照渲染时 CPU 的使用率。

烘焙的全局光照的属性如图 5-85 所示。

❏ Baked Resolution：烘焙光照贴图单位长度的纹理像素，此值设置通常比实时 GI 高 10 倍。

❏ Baked Padding：烘焙光照贴图中各形状的间距，取值范围 2~100。

❏ Compressed：是否选择压缩场景中的所有光照贴图。

❏ Ambient Occlusion：环境遮挡表面的相对亮度，较高的值表示遮挡处和完全曝光地区的对比更大。

❏ Final Gather：当处于选中状态时，在计算发射光时将使用与烘焙贴图一样的分辨率。虽然选中此项提高了光照贴图的质量，但会消耗更多的烘焙时间。

全局光照的属性如图 5-86 所示。

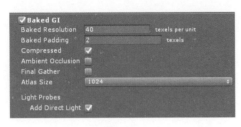

图 5-85

图 5-86

General GI 组的这些参数同时适用于实时 GI 以及烘焙 GI。

❑ Directional Mode：提高画质。

❑ Indirect Intensity：在最终的光照贴图中物体对象的散射、发射等间接光照的强度。

❑ Bounce Boost：增强反弹光。

❑ Default Parameters：预设参数值，可以创建新的 Lightmap Parameters。

环境雾和其他设置如图 5-87 所示。

❑ FOG：选项设置场景中是否使用雾气，用于模拟现实雾。

　● Fog Color：雾的颜色。

　● Fog Mode：雾的类型。基于距离、高度，或者两者皆有。

　● Density：雾的密度设置，浓或疏。

❑ Halo Texture：光晕贴图。

❑ Halo Strength：光晕的强度，该值越人，光越清晰。

❑ Flare Fade Speed：Flare（太阳耀斑，闪光）可见时的淡入和不可见时淡出。

❑ Flare Strength：耀斑的强度。

❑ Spot Cookie：聚光灯投影遮罩。

Lightmaps：当烘焙成功后，光照贴图的信息会显示在此视图中，如图 5-88 所示。

图 5-87

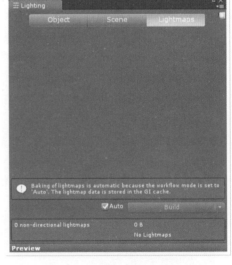

图 5-88

3. 烘焙光照贴图流程

选中设置好灯光需要烘焙的物体，在 Lighting → Object 选项卡中把物体设置为静态的（static），如图 5-89 所示。

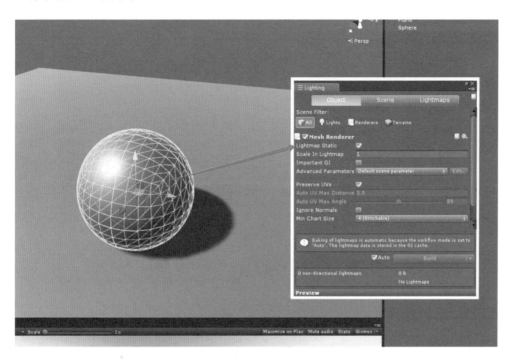

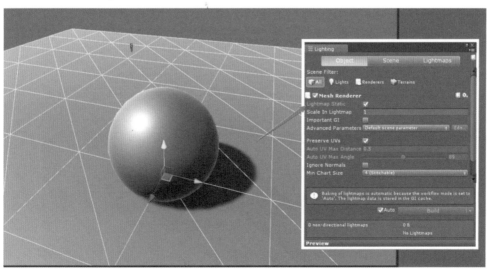

图 5-89

同时，因为要进行烘焙需要把灯光的 Baking 设置为烘焙模式 Baked，单击 Build 按钮开始烘焙。烘焙成功后，会在资源文件夹中 Assets 下创建一个跟场景同名的文件夹，并在里面生成光照贴图的资源，如图 5-90 所示。

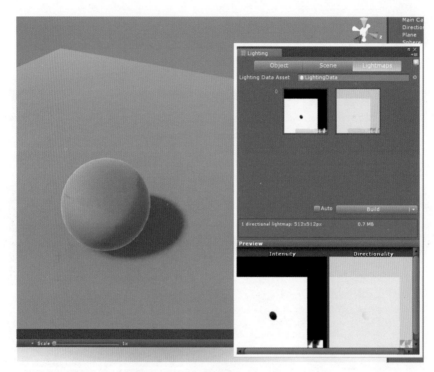

图 5-90

这时可以删除掉场景的灯光，之前的阴影信息依然存在，可以移动球上侧面，看一下阴影的效果，如图 5-91 所示。

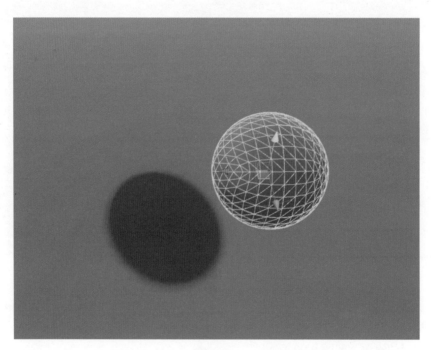

图 5-91

5.2.2 Unity 3D 中的 Standard Shader

Standard Shader（标准着色器）的属性如图 5-92 所示。

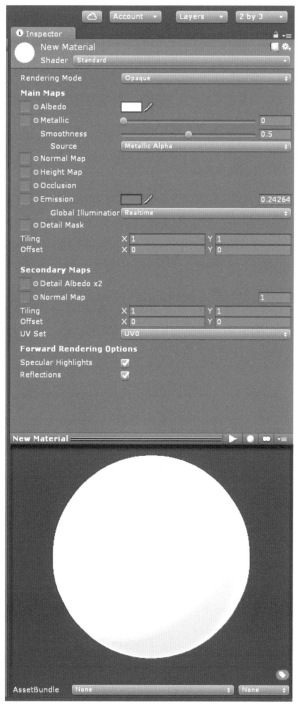

图 5-92

标准着色器是基于物理的着色的多功能 Shader，它的功能非常强大，几乎可以满足大部分材质效果的展示，可以用于制作石头、树木、金属等。

以下是它的具体参数详解：

❑ Rendering Mode：包括以下 4 种渲染模式。

- Opaque：默认模式，适用于正常物体显示，不具备透明功能。
- Cutout：支持带有透明通道的贴图显示，如树叶，头发等，可通过调节 Metallic 来调节是否透明，但不支持半透明效果。
- Fade：支持带有通道贴图的完全透明，透明区域也不会有高光发光效果，不适合做玻璃及半透明物体。
- Transparent：支持透明属性，但高光反光保留，可以做玻璃和半透明具有反光效果的物体。

以下是公共属性：

❑ Albedo：物体表面的基本颜色，在物理模型中相当于物体表面的散射颜色。通过调整 Alpha 在有些模式下可以达到透明效果，这里一般添加纹理贴图。

❑ Metallic：这相当于物理模型中的 F(0)，即物体表面和视线一致的面对光线反射的能量，通常金属物体通常超过 50%，大部分在 90%，而非金属集中在 20% 以下，可表现金属质感。

❑ Smoonthness：这相当于物理模型中与实现一致的面占所有微面的比例，比例越大，物体越光滑，反之越毛糙，一定要区分这个和 Metallic（Metallic 描述对反射能量的强弱，Smoonthness 描述表面的光滑程度），当然，大多数情况下金属的 Smoonthness 都很高。

❑ Normal Map：法线贴图是一种凹凸贴图，它是一种纹理，可以在地面数上显示复杂有细节的效果。

❑ Height Map：视差贴图，用于在法线贴图的基础上表现高低信息（法线只能表现光照强弱，而视察贴图可以增加物理上的位置的前后）。

❑ Occlusion：遮挡占据贴图，用于模拟 GI，物体在默写凹槽处因受到光线的减少而显得暗，也就是自遮挡。

❑ Emission：自发光，不过 UNITY5 的自发光可以在全局光照中当光源使用。

❑ Detail Mask：可使用纹理对进行对第二张纹理（secondary maps）的遮挡。

❑ Tiling：UV 在 X 轴向和 Y 轴向的重复值。

❑ Offset：UV 在 X 轴向和 Y 轴向的偏移值。

❑ Secondary Maps：第二道贴图，也就是说，一个材质球上可以叠加另一张贴图，叠加效果如 Photoshop 中的 Multiply。

- Detail Albedo ×2：第二张纹理贴图。
- Normal Map：第二张法线贴图。

❑ Tiling：第二张 UV 在 X 轴向和 Y 轴向的重复值。

❑ Offset：第二张 UV 在 X 轴向和 Y 轴向的偏移值。

❑ UV Set：选择两套 UV0 和 UV1 的上下顺序。

❑ Forward Rendering Options：渲染选项。

- Specular Highlights：是否关闭高光。

- Reflections：是否关闭反射。

通过学习了解标准材质球后，将素材导入 Unity 中，选择材质球，将纹理添加到相应属性中，如图 5-93 所示。值得注意的是，使用 Unity 灯光实现实时阴影会对设备运算有耗损，一般的处理方式是在软件里面直接将阴影烘焙的贴图加上，如案例中所示，或者在 Unity 里面进行阴影的烘焙。

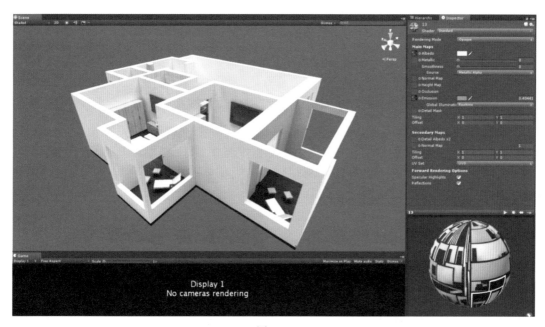

图 5-93

5.3 本章小结

本章通过两个案例讲解了关于室内建筑制作，以及 Unity 灯光和标准材质的内容，以点带面地梳理了模型的制作以及 Unity 中的整合方法和流程。

AR 内容开发案例：角色

AR 应用中常出现很多 AR 美术角色，所以我们还需要对这部分虚拟的 AR 角色来做进一步了解和学习。在这些 AR 应用里，例如 AR 医疗部分，我们需要对于身体做出准确的判断，精准、符合客观事实地制作出模型，并在后期加入特效，让整个角色看起来更有引导性，如图 6-1 所示。而在教育领域，同样有生动的虚拟老师来帮助小朋友完成学习任务，虚拟老师就是 AR 角色需要制作的部分，如图 6-2 所示。还有就是游戏领域，我们不得不提到很火的 Pokemon Go，里边很多有趣的角色美术也是需要制作的，如图 6-3 所示。

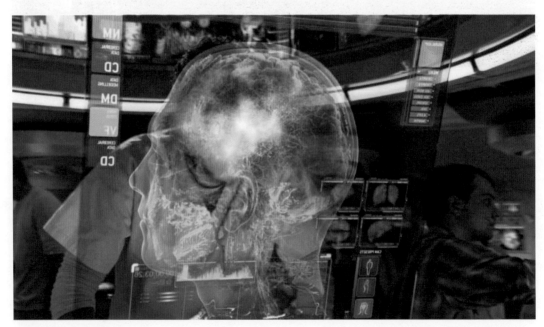

图 6-1

图 6-2

图 6-3

角色制作需要用到的软件有 3ds Max、Photoshop、BodyPaint 等。基础的建模制作知识我们在前面场景中已有讲到，如果有遗忘，可以看前面的场景建模部分。

6.1 AR 角色制作基础知识

开始制作虚拟角色时，我们首先需要具备的就是正确的人体结构知识，不管你是做卡通还是仿真，若没有正确的人体结构知识作为支撑，将是很难做出让大家信服的作品，所以在讲角色建模前我们还是需要简单介绍一下人体结构。

6.1.1 美术造型基础

我们一般按照自身的头高来判断人体的比例。每个年龄段的身体比例也是会相应变化的，如图 6-4 所示。

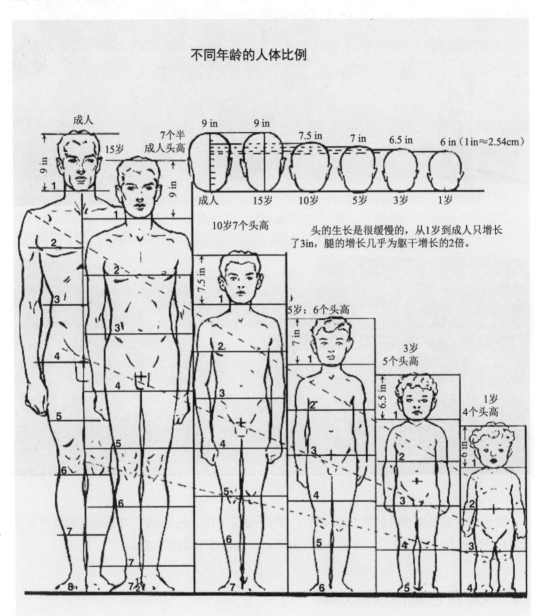

图 6-4

接下来看不同性别的成年人的身体比例，如图 6-5 和图 6-6 所示。

理想的男性人体比例

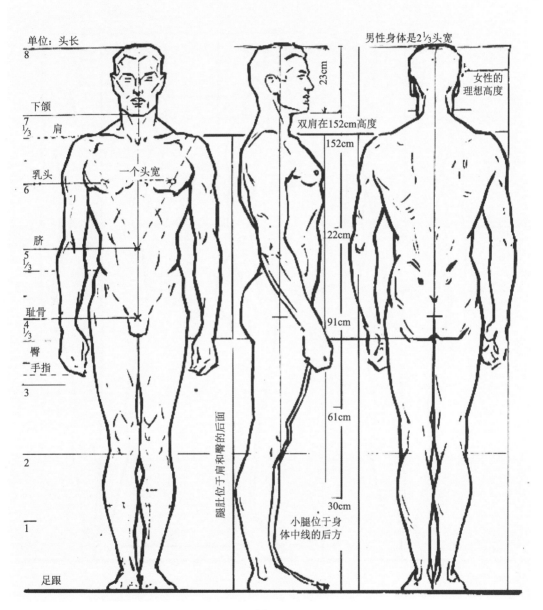

图 6-5

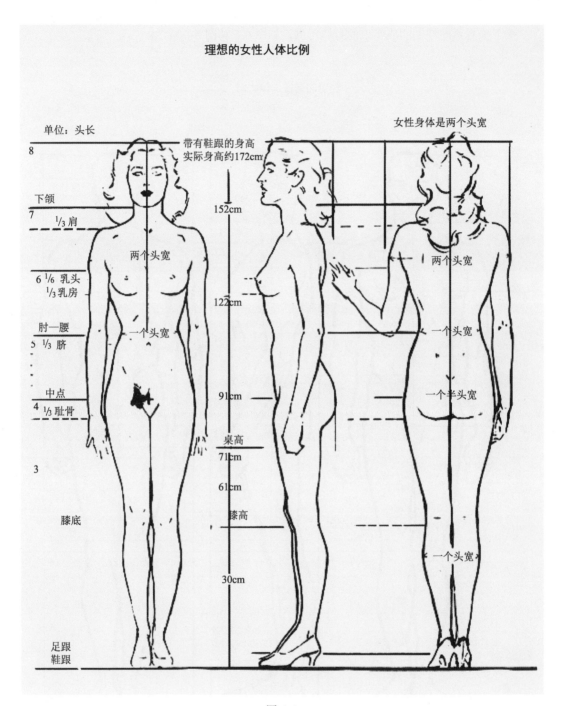

图 6-6

从图中可以观察到，女性身体和男性身体在比例上还是有很多不同之处的，主要表现在以下几个方面：

① 女性身体胯部一般要比肩部更宽一些，而男性身体有点像倒三角，肩部比胯部要宽一些，如图 6-7 所示。

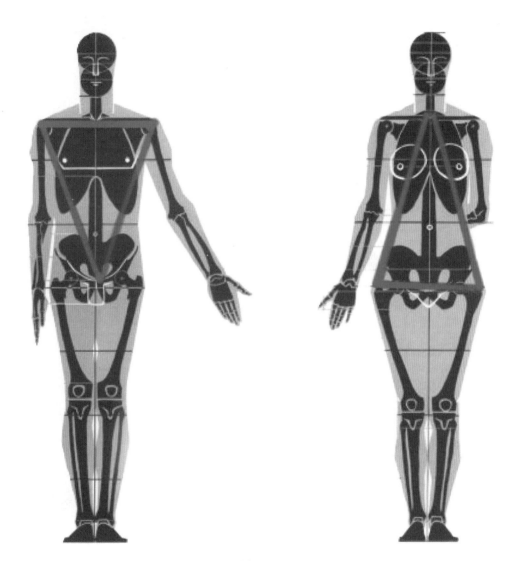

图 6-7

② 女性乳头到肚脐的距离要比男性更短一些。

③ 女性腰部和男性也是有明显区别的。女性腰部呈 S 形，突出更明显，而男性相对要垂直些。

④ 女性臀部比较圆润，而男性臀部看起来比较立体。

了解完比例我们来观察一下人体节奏变化，人体靠关节进行联动，所以我们发现人体有点像弹簧那样可以伸缩。从人体的正面和侧面观察人体的节奏变化，类似于字母 Z，如图 6-8 所示。

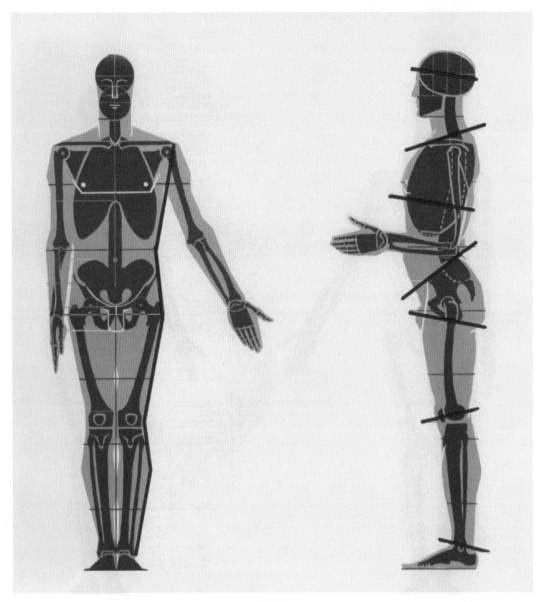

图 6-8

6.1.2 色彩理论

之所以讲色彩，是因为完成了身体模型之后，还需要对它进行上色贴图处理。要做好一张贴图，就需要有一定的色彩理论知识。在拿到制作三维角色的原画时，就需要观察角色是什么人种，该用什么样的肤色，角色在这个原画中的性格描述，角色的衣服是什么类型的，衣服的材质又是什么，绘制这样的材质需要的光感该如何表现，等等，这都是要有色彩基础知识后才能完成的。

基本颜色分类如图 6-9 所示。

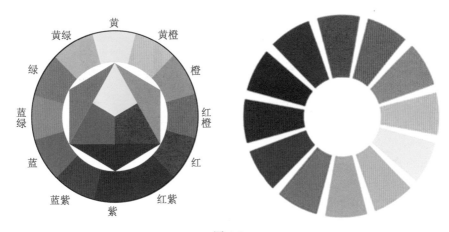

图 6-9

色彩是光从物体反射到人的眼睛所引起的一种视觉心理感受。色彩属性包括色相、饱和度和明度。

1. 色相

色相是指色彩的相貌，用于区分颜色。色彩具有红色、黄色或绿色等性质，称为色相。黑白没有色相，为中性。根据人对色彩的感受，从色相上我们可以做冷暖的区分，如图 6-10 所示。

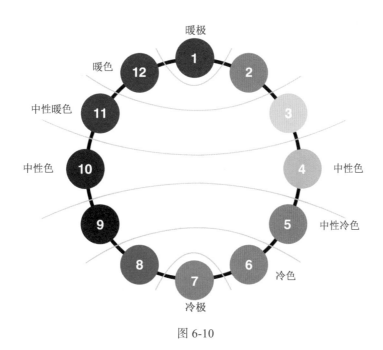

图 6-10

2. 饱和度

饱和度是指色彩的鲜艳程度，也称色彩的纯度，如图 6-11 所示。

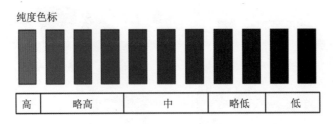

图 6-11

3. 明度

明度是指眼睛对光源和物体表面明暗程度的感觉，主要是由光线强弱决定的一种视觉经验，如图 6-12 所示。

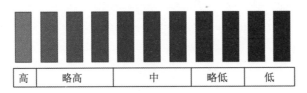

图 6-12

6.2 角色模型的制作

6.2.1 基础模型的创建

AR 角色一般呈现在真实的环境中，不会像传统游戏角色那样只能在引擎设定好的环境里，所以对于模型光感的表现和资源的要求都会有所不同。传统游戏角色为了节省制作资源，会把模型边缘做得比较生硬，主要靠贴图表现。AR 角色要求边缘没有很生硬的转折，该圆滑的部分要圆滑起来。我们制作的这套角色模型和贴图采用了一种比较通用的方式，可以满足大部分 AR 项目的需求，但是具体项目的要求不同，制作的方式上也会有些许变化。

人体基础模型的创建流程如下：

首先确认原画人体比例。开始建模前，我们通过分析原画得到这个角色的比例大概是 6.5 个头身，如图 6-13 所示。确认身体比例这一步可以在 Photoshop 里用线框排版来完成。把排版完成的图片导入 3ds Max 中作为制作模型的参考标准。这一步是很重要的准备工作，有了这个参考，就可以保证所做的模型比例符合设定。

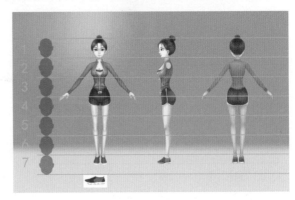

图 6-13

接下来打开 3ds Max 软件，开始搭建角色的简模，把上一步制作好的比例参考图导入 3ds Max 中。切到模型的正视图新建一个面片模型，面片大小依据原画的尺寸进行设置，如图 6-14 和图 6-15 所示。

图 6-14

在正视图中新建一个 Box 模型，大小按原画中角色来确定。把这个 Box 复制一个，如图 6-16 所示。选中 Instance，关联一下这两个 Box，如图 6-17 所示。

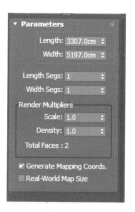

图 6-15

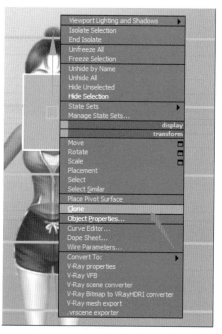

图 6-16

　　把 Box01 作为角色的正面，把关联的 Box02 作为角色的侧面。移动 Box02 到侧面视图的位置并且旋转模型 90°，这样我们在操作其中一个 Box 的同时另一个 Box 也会产生相应的操作变化，方便我们在一个视图里同时调节模型的正面和侧面，提高工作效率，如图 6-18 所示。

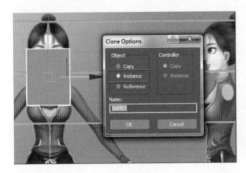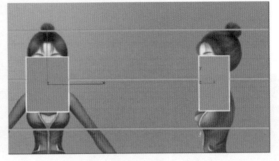

图 6-17　　　　　　　　　　　　　　　　　　图 6-18

　　选择其中一个 Box，按照参考图调整出整个身体轮廓。首先选择 Box，单击鼠标右键，选择 Convert To → Convert to Editable Poly 命令，将模型转换为可编辑多边形后，我们就可以通过编辑模型的点、线、面来控制模型结构变化了，如图 6-19 所示。

图 6-19

　　调整身体轮廓用到的大多是建模的基础命令：挤出，拖动点、线、面来对应我们参考的原画。这里说明一下，我们可以用 Max 自带的石墨工具，Max 2010 以后的版本都自带石墨工具。石墨工具主要提供编辑多边形对象所需的所有建模命令，部分命令加强了功能性，为建模工作提供了一种方便和快捷的方式。在 Max 菜单栏下边有一个小三角按钮，单击这个按钮便可打开石墨工具，如图 6-20 所示。

图 6-20

提示 如果没有这个小三角按钮，要激活显示石墨工具，则在工具栏的空白处单击鼠标右键，我们就可以看到菜单里边有 Ribbon，这个就是石墨工具，勾选即可，如图 6-21 所示。

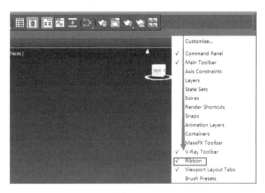

图 6-21

石墨工具面板栏包含了所有建模命令和加强命令，建模的大部分操作可以在这里进行，如图 6-22 所示。

图 6-22

完成基础身体模型搭建的过程中，开始不需要布太多的线来使角色圆滑，只用卡出头部、躯干、四肢的轮廓就可以了，这时候的模型看着和我们想的不一样，但是没有关系。布出应该有的大体结构就可以了。如果一开始模型布很多线，则会对后面调整比例结构增加多余工作量，如图 6-23 所示。

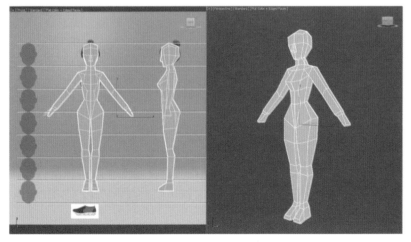

图 6-23

6.2.2 为角色增添细节

1. 头部详细制作

人体头部的结构：头部由很多小的结构组成，我们可以把这些结构划分出一个参考比例，头部最基础的就"三庭五眼"这个原则。这个原则适合多数人的头部结构，但这里的原画角色是要求比较可爱的，所以我们会把眼睛适当放大，如图 6-24 所示。

2. 面部布线的基本原则

面部布线上的一些注意点：面部有很多丰富的表情，所以我们在布线的时候要遵循一定的原则，避免后期做动画的过程中造成表情不能表达到位的尴尬。注意，头部面数的多少要按项目来，不一定越多越好，用到合理面数，给出符合正确的面部结构的布线才是我们要达到的目的。

3. 面部布线疏密

模型用的面数的疏与密与面部肌肉紧密相关，如图 6-25 所示，眼睛周围的眼轮匝肌和嘴巴周围的口轮匝肌都是面部表情丰富的所在，所以在这两个地方的布线就需要多一些，并且要按照肌肉走向一圈一圈地排列分布，如图 6-25 所示。

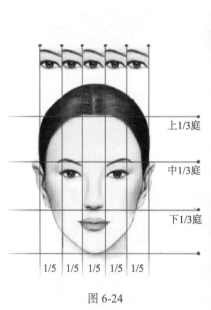

图 6-24

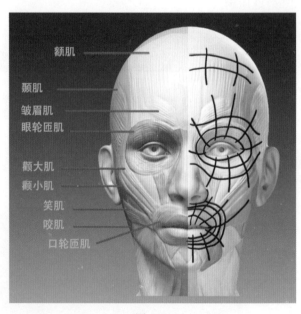

图 6-25

（1）眼睛

眼睛基本上都是球状体，所以选择一个基础几何体 Sphere 作为眼睛部分的模型，我们不是做高模，所以眼睛部分用一个球体模型代替就可以了，后期我们会用绘图软件把眼睛的瞳孔、眼白等结构绘制出来，如图 6-26 所示。

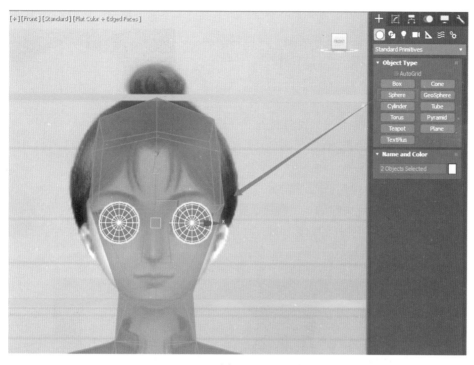

图 6-26

（2）眼睫毛

眼睫毛的部分我们用一个 Plane 面片拉出来，先少量地设置段数，然后单击鼠标右键选择相应的命令，将其转换为可编辑的多边形，如图 6-27 所示。

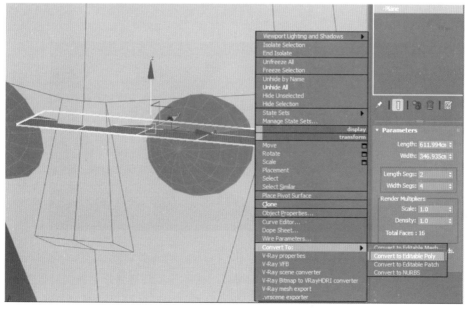

图 6-27

旋转点、线、面，并调整面片的位置，把眉毛调成一个弧度模型，如图 6-28 所示。

接下来我们可以先把眼球和睫毛部分的模型隐藏起来，将面部基础结构知识与原画结合，一步一步把模型完善出来。

（3）鼻子

鼻子是一个字母 T 的形状，我们通过卡线简单拉出一个造型，如图 6-29 所示。

（4）眼眶

眼眶部分的模型可以用 <kbd>Cut</kbd> 命令，卡出竖着的一道线，然后把十字线中间的点用 <kbd>Chamfer</kbd> 命令切开，嘴巴的模型部分也用同样的方式实现。在卡线的同时，我们适当增加一些段数，如图 6-30 所示。

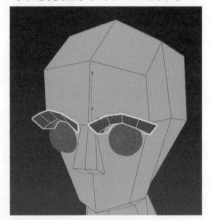

图 6-28

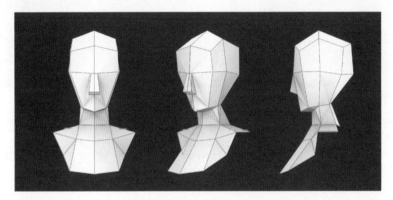

图 6-29

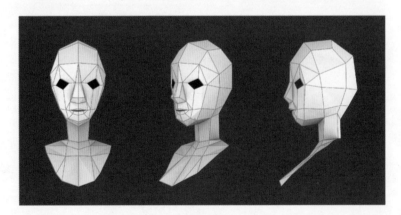

图 6-30

做完眼眶部分后，我们需要把眼睛做出来了。眼睛模型现在是帮助我们调整眼眶周围模型部分的参考，围绕眼球把整个眼眶调整出来。眼眶这个时候可以适当加一些线段（提示：嘴巴可以用一个圆柱体放在口腔位置，同样是为了方便我们调整嘴巴和下颚的弧度）。鼻子的部分我们简单做了一个 T 字形状，为了让这个女性角色看起来可爱些，我们可以先把鼻头调得圆一点。让嘴唇上半部分看起来像字母 M 形状，下嘴唇像拉伸的字母 W，就可以调整出嘴唇的大致形状。接下来制作口腔的部分，我们顺着嘴巴切线的边缘选择线，同时按 <Shift> 键和鼠标左键，向口腔里边拖动调整。这样口腔部分就完成了。耳朵部分我们可以在头侧面的中轴线挤出来，通过点调整出耳朵的形状，如图 6-31 所示。

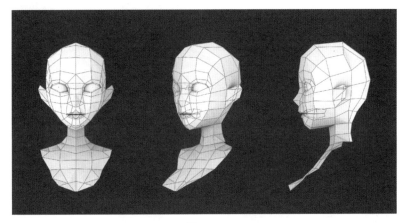

图 6-31

我们用少量的线段做出头部结构之后，需要对模型做进一步的细化，为模型适当增加面数，让头部各个结构部分看起来圆滑一些，结构更加准确一些，如图 6-32 所示。

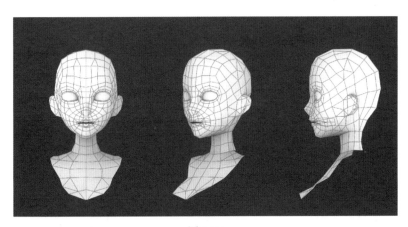

图 6-32

选择后脑勺部分的模型，并且用 Detach 命令分离出来，分离出来的模型是准备做头发用的。为面部模型继续增加段数，减少比较生硬的转折，如图 6-33 所示。

从刚才分离出来的模型做头发。这个角色的发型是扎起来的，对于后面扎起来的部分我们用一个半球，把半球调整到和原画相似的形状。对于角色的留海儿，需要把头发前面模型挤出来做这个部分。留海儿部分和眼睫毛一样，后面做贴图透空处理就可以让毛发有发丝的感觉，这种方式也是我们对毛发处理比较简单有效的一种办法，如图 6-34 所示。

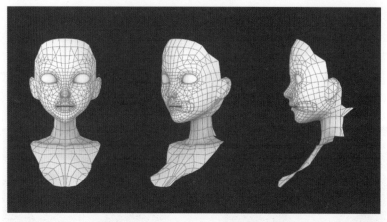

图 6-33

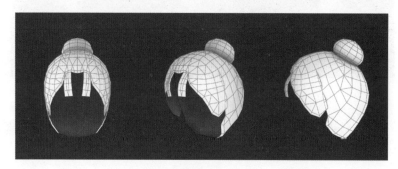

图 6-34

　　至此，头部模型基本完成了，制作时要注意观察头的各个角度，尤其是正面和侧面调整完后，转到角色的 45° 进行进一步的调整，如图 6-35 所示。最后按 <Ctrl+S> 组合键保存文件即可。接下来讲解角色其他部分模型的制作。

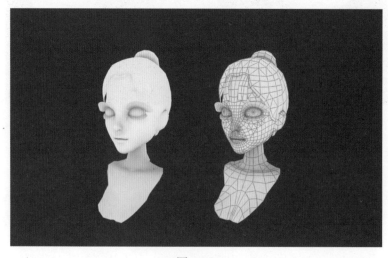

图 6-35

4. 躯干制作

四肢其实和身体是同步进行的，这个部分大家主要观察身体通过一步一步模型调整所发生的变化，我们会把整个制作拆开来讲，如图 6-36 所示。

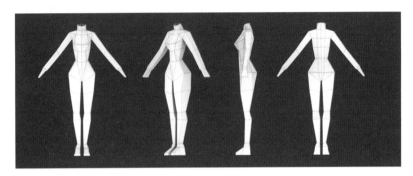

图 6-36

对所制作的基础模型增加段数。手臂大概 6 段线，大腿大概 6 ～ 8 段都是可以的。增加段数的同时要转到各个角度进行观察，以保证增加段数后模型也要圆滑起来，如图 6-37 所示。

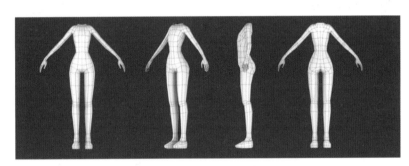

图 6-37

通过增加相应段数，模型看起来更加圆滑，结构更加准确，如图 6-38 所示。

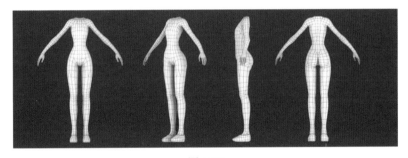

图 6-38

因为胸部大致可以看作一个球体，所以模型胸部的位置可以掏一个洞，大致 12 段面。洞做好后，稍微调整点，使之成圆形，如图 6-39 所示。

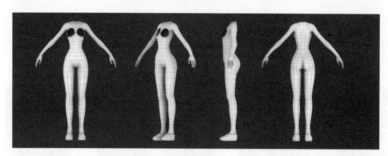

图 6-39

然后新建一个 12 段面的球体，把球体删除一半，剩下的这一半附在被掏出洞的模型部分，通过点的焊接将两部分模型结合起来。我们可以观察一下女性胸部，一般由于重力影响会向下垂，就像装满水的气球贴在胸腔的部分，如图 6-40 和图 6-41 所示。

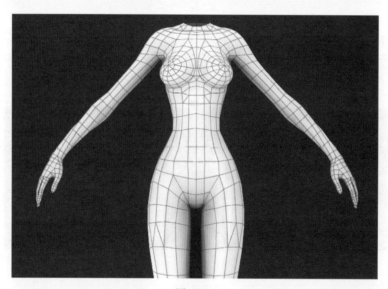

图 6-40

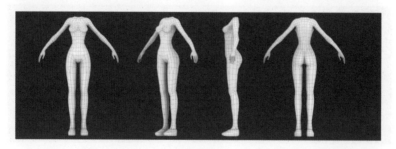

图 6-41

5. 手部制作

制作手部前，我们先确认好手腕和手掌的部分，如图 6-42 所示。

图 6-42

卡出四根指头的线。注意，大拇指旁边有虎口部分，应给一些段数，如图 6-43 所示。

图 6-43

把需要挤出 5 根指头模型的地方删除面，删除的孔洞我们准备挤出手指，如图 6-44 所示。

图 6-44

布线的时候应注意大拇指有 1 个指节，其他手指有 2 个指节，如图 6-45 所示。

图 6-45

大体结构有了之后，就可以给手指增加段数，让模型圆滑些、准确些，如图 6-46 ～ 图 6-48 所示。

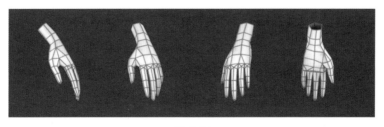

图 6-46

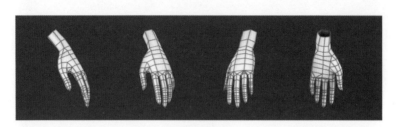

图 6-47

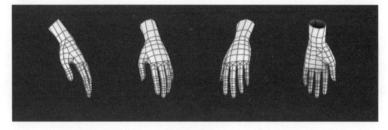

图 6-48

6. 鞋子制作

先确认好脚踝和脚掌的形状，如图 6-49 所示。

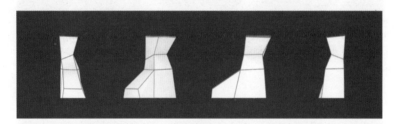

图 6-49

需要把鞋子口的厚度做出来，如图 6-50 所示。

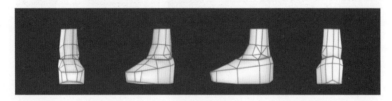

图 6-50

适当增加鞋子段数，让模型看起来圆滑些，如图 6-51 所示。

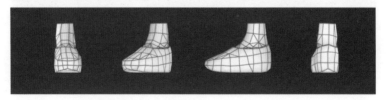

图 6-51

最终整个身体的模型部分如图6-52所示。

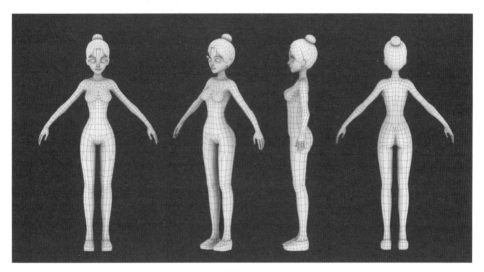

图 6-52

7．角色衣服制作

身体模型的制作至此告一段落，接下来我们需要在身体模型上做出衣服。可能有同学问为什么不一步到位直接做衣服，因为身体是我们穿衣服的基础，如果脱离身体直接做衣服，可能导致所做的衣服没有支撑感，不够真实。根据原画，我们在身体模型上找准衣服位置的面，选择并将其复制分离出来，把分离出来的部分用Push调节Value的值进行放大，让衣服完全包裹身体，如图6-53和图6-54所示。

图 6-53

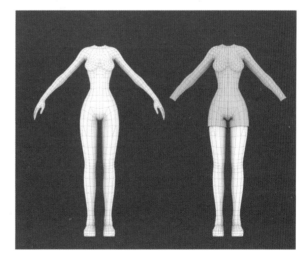

图 6-54

衣服挤出来后，对其形状进行调整，并且把上衣和短裤分离出来。这只要找准腰部切线分离就可以了，如图6-55所示。

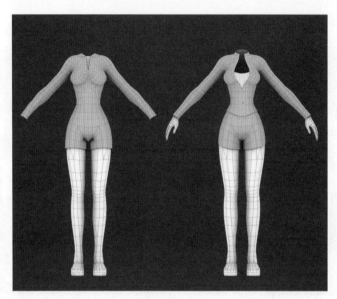

图 6-55

　　把衣服边缘的厚度做出来，边缘部分模型需要倒角。把袖口部分封住，避免模型漏空。对于衣服在腰部的褶皱和上衣口袋的部分，我们用模型稍微卡出一点起伏。至此，衣服模型基本上就完成了，如图 6-56 所示。

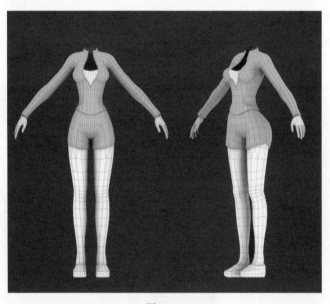

图 6-56

　　小结：
　　① 角色的模型就全部制作完成了，我们就可以把看不到身体的面删除，删除过程中注意不要有漏面出来。

② 对于模型多余点，我们要清空，没有缝合的点线我们要缝合好，多边面的排查等。

③ 模型的坐标需要全部归零。

④ 提交最终模型的时候，我们还需要 xfrom 重置模型，避免动画做完后导入 Unity 引擎出现动画错误。

6.2.3　角色 UV 拆分导出

UV 的切线应尽量放在不容易观察到的地方，以便我们后期接缝修整。摆好 UV 后，我们要保证贴在模型上的棋盘格都能正正方方，不要有太大的拉伸。不同部件 UV 之间保持最少 2 个以上的像素间距，以免过近后贴图像素溢出。注意，模型上绿色线的部分就是 UV 的切线的位置，如图 6-57 所示。

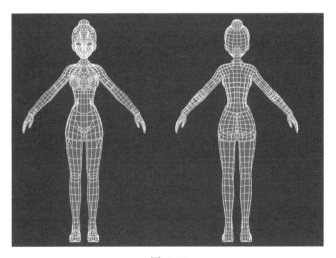

图 6-57

贴上棋盘格后，观察是否有明显的拉伸，如图 6-58 所示。

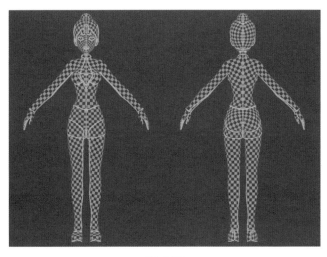

图 6-58

没有问题就输出 UV 棋盘格，为绘制贴图做好准备工作。UV 保存成 png 格式，以便后面做选区使用，如图 6-59 所示。

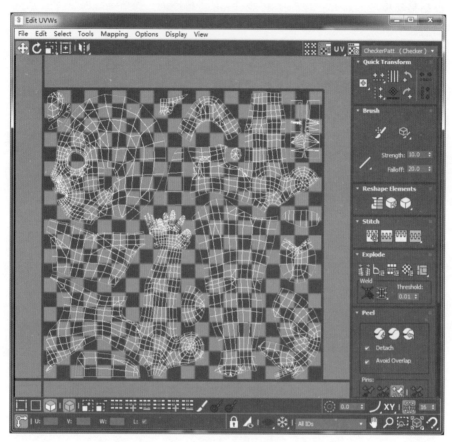

图 6-59

6.2.4 角色的制作贴图

1. 绘制软件如何使用

角色绘制主要用到的软件有 Photoshop 和 BodyPaint。本书也主要介绍这两个软件款，其他绘制软件（如 Mudbox）在此就不再赘述了。

2. Photoshop 的使用

将刚才保存好的 UV 图片导入 Photoshop。这里简单说一个小技巧，我们用魔棒工具选择 UV 线框空白处，然后按 <Ctrl+Shift+I> 组合键反选，这个时候我们发现 UV 线框的边缘全部选择上了，但是前面说过像素溢出的问题，所以我们在选择菜单下找到扩展选择，并且扩展最少两个像素（这里也不能太多，不然会影响到别 UV 部分），做完后，向选区里填充颜色，这样对要绘制的部分选区就做好了，它对我们后期选择绘制是非常有必要的，如图 6-60 所示。

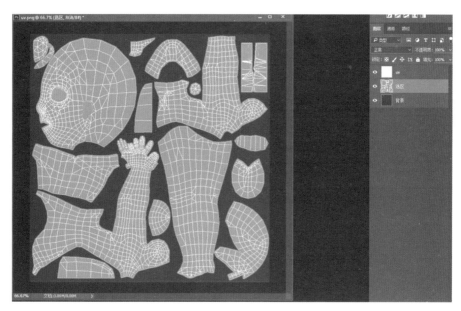

图 6-60

3．BodyPaint 的使用

BodyPaint 这款软件可以识别的模型格式有 3ds 和 obj 格式等，所以我们需要在 Max 中选择其中的一个格式把模型文件导出。这里导入 BodyPaint 的是 obj 格式的模型，将 obj 文件直接拖到软件中，模型就呈现在编辑窗口中了。将基础贴图附给模型，这样就可以在窗口里对模型进行贴图的实时编辑，如图 6-61 所示。

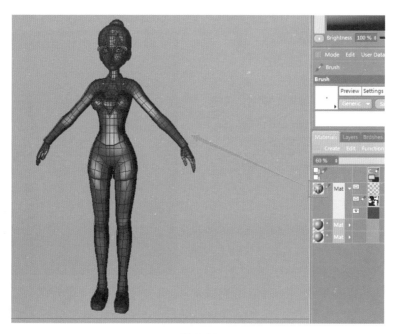

图 6-61

选择做好的选区图层，并用油漆桶工具添加相应原画的基本色到模型上。基本色添加完毕后，打开烘焙好的 AO 图层（烘焙 AO 贴图在场景制作章节有讲过，AO 烘焙在模型 UV 完成后制作），这样就得到贴图的基本光影关系了，为接下来做贴图细化节约了不少时间，如图 6-62 所示。

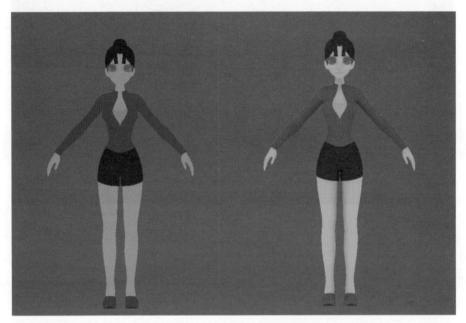

图 6-62

4. 绘制过程

这里说明一下 AO 的用处，AO 贴图就是表现物体体积的贴图，会让角色看着比较有厚重感，不会那么飘。上半身到下半身也是要有亮到暗的变化，这样视觉就有了重点。整个角色色阶是从上到下的一个渐变，这样角色看着才会有体积感，有视觉中心点。下面的绘制基本就是按照这样一个原则进行的，如图 6-63 所示。

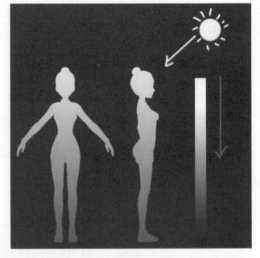

（1）头部绘制

对于头部绘制，需要的不仅是原画提供的信息，还需要在网上搜索素材，来提供更多正确的绘制信息。绘制之初，我们不要急于把全部细节都绘制上去，可以由简到繁、一步一步地深入。首先有了 AO 贴图的辅助，我们先把脸上的暗部绘制出来，如眼窝、鼻底、下嘴唇底部等，暗部大致确认完了之后，还需要绘制亮部，如图 6-64 所示。

图 6-63

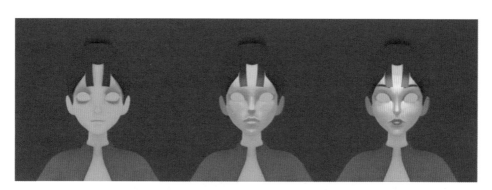

图 6-64

把眼睛、眉毛和嘴巴基础的色彩信息绘制完毕，如图 6-65 所示。

图 6-65

眼睛睫毛的部分用之前模型做的面，我们要做出毛茸茸的感觉。对于这个毛发的处理，这里需要用到另一种方法——透空贴图。顾名思义，我们需要做透空处理，把不需要显示的部分隐藏起来，这是通过 Alpha 通道来实现的。这里简单讲下 Alpha 通道的原理，Alpha 只有黑色和白色两种颜色，做透空贴图需要牢记的是，黑透白不透，也就是黑的地方是隐藏的部分，而白色的部分是显示的部分，如图 6-66 所示。

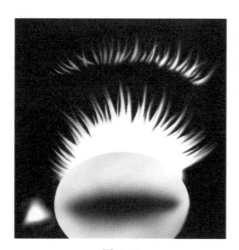

图 6-66

把做好的贴图保存成 tga 或者其他有 Alpha 通道的图片，然后贴在模型上，如图 6-67 所示。

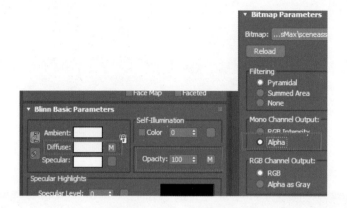

图 6-67

绘制完整个头部贴图，把贴图附给模型，如图 6-68 所示。

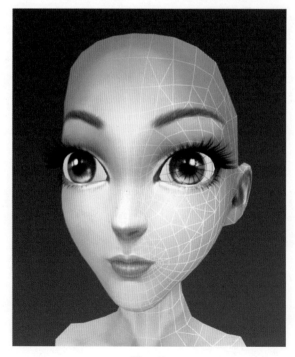

图 6-68

（2）衣服绘制

　　这里稍微介绍一下衣服的褶皱。褶皱基本是由于布料的重力、挤压、拉扯等原因产生的，由于褶皱的多样性，我们对于它比较难以把握，所以需要不断地练习和观察，掌握它的规律，如图 6-69 所示。

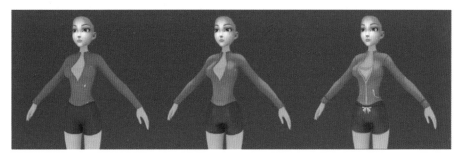

图 6-69

　　图 6-70 中的 1 是固定一支撑点，支撑点和布料重力的相互作用，一般常见于挂放的衣帽等。2 是由于绳子两端上提，布料在重力的影响下向中间挤压产生堆积的褶皱，一般常见于挂晒的床单等。3 是两端拉扯，中间推挤的少，所以没有 2 中那么明显，一般常见于窗帘等。我们身上穿的衣服也是有这些褶皱的，画褶皱的关键在于有没有找准支撑点以及物体与衣服相互之间力量产生的结果，如图 6-70 和图 6-71 所示。

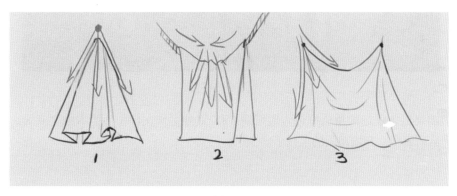

图 6-70

图 6-71

（3）其他部件绘制

对于头发以及露在外边的身体和鞋子，我们就不一一说明了，过程和上面的绘制过程基本一致，注意好形体、固有色和体积感，就基本可以了，如图 6-72 所示。

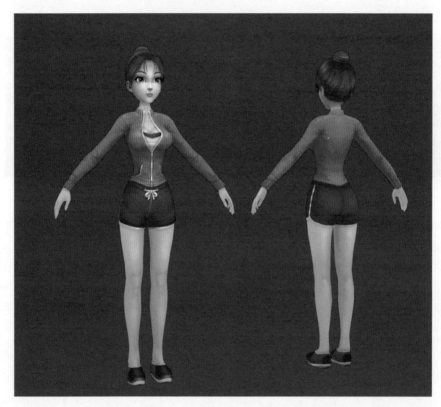

图 6-72

我们需要将完成好的角色打包为通用的 FBX 文件，该文件中不能有中文命名。接下来就可以交给动画师，开始动画的工作了。

6.3 本章小结

角色制作的整个过程我们全部讲完了，可以看出，我们首先需要了解一定的人体结构知识；其次在制作模型时，模型布线要均匀合理，UV 整齐摆放；最后在绘制时，要准确表达质感，只有这样，我们才能得到一个合格的角色。

AR 内容开发案例：动画和特效

7.1 动画和绑定

7.1.1 动画概述与 AR 动画制作流程

1. 什么是动画

广义而言，把一些原先不活动的东西，经过影片的制作与放映，变成会活动的影像，这就是动画。医学已经证明，人类具有"视觉暂留"的特性，也就是说，人的眼睛看到一幅画或一个物体后，在 1/24 秒内不会消失，如雨点下落形成雨丝（见图 7-1），风扇叶片快速旋转变成圆盘（见图 7-2），等等，都是出现了视觉暂留现象。利用这一原理，在一幅画还没有消失前播放下一幅画，就会给人营造一种流畅的视觉变化效果。电影、电视就是通过这一原理来实现画面流畅的视觉效果。

图 7-1 雨点形成雨丝

图 7-2 快速旋转的风扇叶片变成圆盘

　　AR 也是通过"视觉暂留"原理，在手机、平板电脑、智能眼镜等设备上来显示虚拟动画，如图 7-3 ～图 7-5 所示。AR 具备三个突出的特点：①真实世界和虚拟世界的信息集成；②具有实时交互性；③在三维尺度空间中增添定位虚拟物体。

图 7-3

图 7-4

图 7-5

2. 动画师具备的素养

动画师或者动画制作者需要具备以下几个素养：

（1）Perception（感觉）

总体上要有美术造型能力、艺术感以及创造性。这些需要长年的素描、绘画、雕塑、电影制作、镜头语言、艺术学习、电影观赏、观察周围的世界等经验。也就是说，动画是"动起来"的艺术，而对于动画创作者来说，速写是最重要的美术基础技能，如图 7-6 所示。

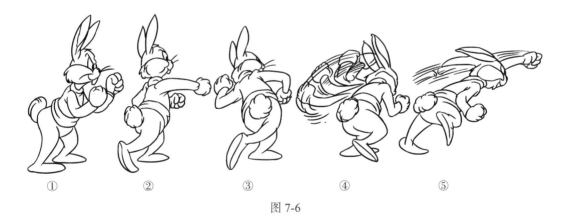

①　　　　②　　　　③　　　　④　　　　⑤

图 7-6

在设计制作一段动画时，设计出动画的关键动作（pose），将大脑中的画面进行分解并画出来，如图 7-7 所示，反复推敲直到满意为止（pose to pose 是一种动画的制作方式），然后再进行动画制作。所以，从业者需要一些美术的素养和对生活观察的经验沉淀。

图 7-7

（2）Principles（原理）

运动规律也是动画的组成部分，如图 7-8 所示，从业者应牢固掌握动画基本原理以及角色动画的力学知识（预备动作、跟随、挤压和拉伸、时间掌握、弧线、非对称、次要运动，等等）。

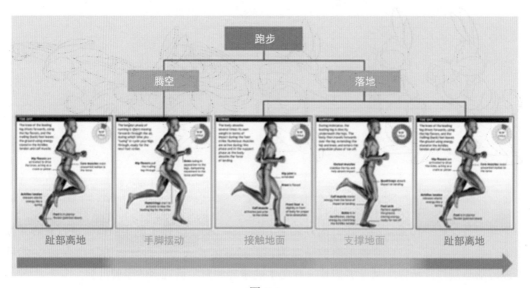

图 7-8

将这些原理在动画中体现出来。有时候，某些原理需要被夸大，如图7-9所示，弱化甚至完全抛弃。必须先明白原理，然后再有效地、富有创造性地、富于表现力地去打破它，如图7-10和图7-11所示，才能创造出更有趣的动画。

图 7-9

图 7-10

图 7-11

（3）Performance（表演）

表演对于从业者来说是一门必修的课程。在制作内容时，往往会制作不同性格的角色或者动画，这个时候就要抛弃自我，从角色本身的性格特点出发，想象它会有什么样的情绪、姿势、表情和节奏，如图 7-12 和图 7-13 所示，所以往往需要从业者对体操、舞蹈、武术、潜水、笑剧、演戏等进行研究和观察。另外，要敢于在众人不解的眼神中进行表演，以便更加有效地研究和获取你想要的东西。

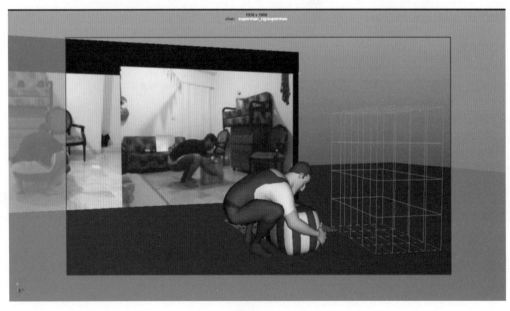

图 7-12

图 7-13

动画在创作本质上是再现创作者内心世界的动态影视描述，是一个无中生有的创作过程。随着计算机技术的发展，数字技术融合到了动画创作中，而且经历了数字化二维动画和三维动画的阶段。随着智能化和可移动设备的出现以及体感识别设备的融入，动画创作的媒介可从传统跨越到交互的时间维度。交互动画进行了跨界混合，蕴藏着人性的科技艺术之美。而 AR 中包含了各种动态的效果，如 UI 动画、Flash 动画、水墨动画、3D 动画等，这些都需要动画制作者更全面地去学习和了解我们身边的世界，并在此基础上艺术化地呈现出来，这就是所说的"艺术源于生活而高于生活"。

3．AR 动画的制作流程

AR 动画的制作流程具体如下：

① 根据故事脚本，了解场景中发生的事件和动画展示的方式，以及角色或者模型的位置。

② 收集对应的参考素材，如图 7-14 所示，场景中有一只恐龙，那么就需要了解这类恐龙的运动规律和对应动作的节奏。

图 7-14

③ 对角色或者模型进行绑定以及优化，如图 7-15 所示。

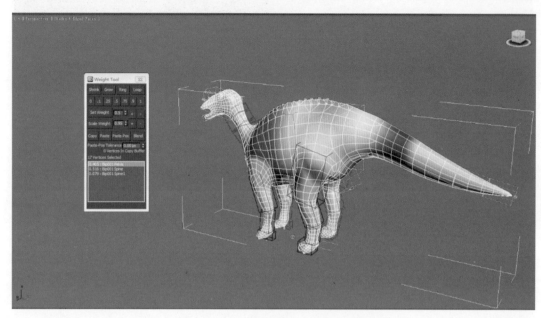

图 7-15

④ 根据脚本开始动画制作，如图 7-16 所示。

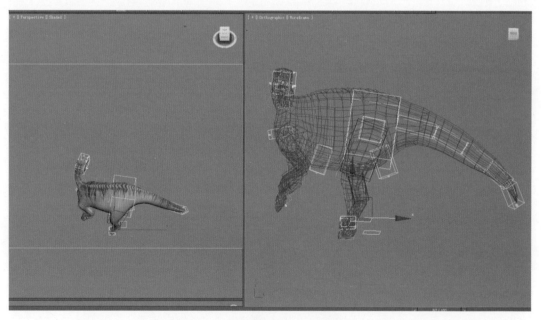

图 7-16

⑤ 以 FBX 或者其他格式输出动画，并提供给程序部门进行功能实现和输出，如图 7-17 所示。

图 7-17

7.1.2　AR 角色绑定技术

1. 骨骼与蒙皮

生物是由骨架来支撑肢体，并通过肌肉的收缩和拉伸来控制骨骼的运动，从而产生各种姿势和运动。在虚拟场景中，为了让角色的肢体能够灵活地运动，使用虚拟骨骼来控制模型各肢体上的点，各部分的骨骼组成角色的骨架。通过调整骨架，可使角色模型摆出各种造型。

骨骼蒙皮动画，因其占用磁盘空间少并且动画效果好被广泛用于影视动画、3D 游戏、AR 动画及 VR 动画中，它把网格顶点（皮）绑定到一个骨骼上，当骨骼层次变化之后，可以根据绑定信息计算出新的网格顶点坐标，进而驱动该网格变形。如图 7-18（Maya 软件截图）所示，这是一个人物腿的模型，那么想让这个模型像真人一样有着灵活的动画，我们需要做一些工作，那就是搭建骨骼和蒙皮。图 7-19 所示是一个搭建好的骨骼，这个骨骼的位置是按照人体关节的位置来搭建的，它被用来模拟腿部关键的旋转动作。图 7-20 是将腿的这个模型添加 Skin，然后将搭建好的骨骼添加上去。这时你会发现旋转腿部骨骼的时候，腿的模型也会跟着一起旋转，这个就是骨骼与蒙皮。其次你会发现运动的效果不是很好，这个就需要我们对模型权重进行手动修改。图 7-21 所示即为绘制权重的流程。

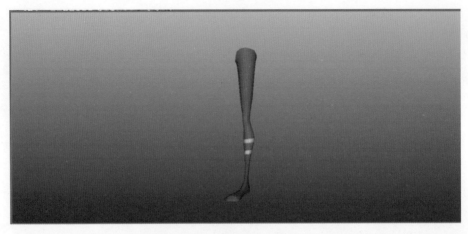

图 7-18

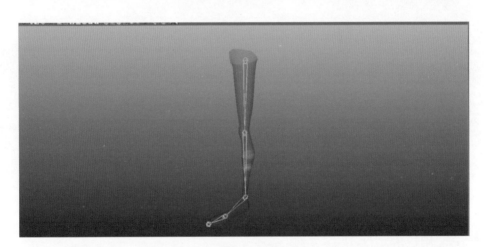

图 7-19

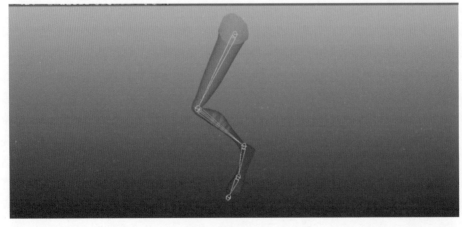

图 7-20

图 7-21

什么是权重呢？模型上的每个顶点都有被其他骨骼影响的权重，其最大值为 1，最小值为 0。也就是说，这个点被一个骨骼完全影响的情况下，它会百分百地跟着这个骨骼动。如果是被一个骨骼影响的权重为 0，那么这个骨骼在动的时候，这个点是不跟着动的。模型点可以被多根骨骼影响（它们的权重影响值加起来是 1），谁影响的权重大，这个点的运动幅度就会趋向于那根骨骼。图 7-22（Max 软件）所示即为一个柱状模型，被骨骼 A、骨骼 B 和骨骼 C 蒙皮。

选中的这个点目前的权重划分被骨骼 B 和骨骼 C 各占 0.5，如图 7-23 所示。

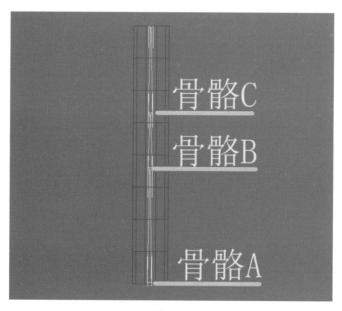

图 7-22

当这个点的权重向骨骼 C 多加一点，即变成现在的 0.85，如图 7-24 所示，那么这个点的运动就会接近骨骼 C 的运动。另外，骨骼 C 和骨骼 B 的权重点数加起来是 1。不管是多少根骨骼影响这个点，它们的权重加起来都是 1。权重的分配根据需要进行增加和减少，是一个此消彼长的过程。

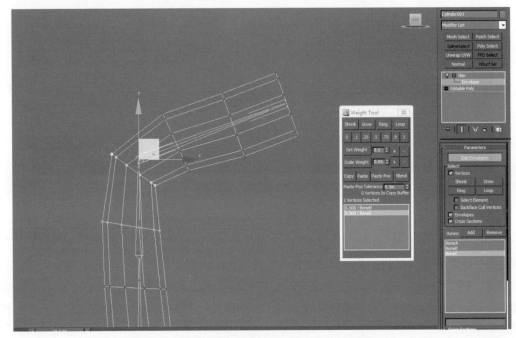

图 7-23

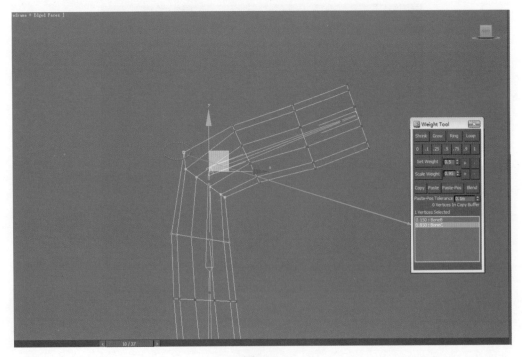

图 7-24

　　值得注意的是，AR 素材中的模型在绑定的时候，权重的划分不能像影视或者游戏那样可以被很多根骨骼进行影响，因为素材如果在手机平台上展示，考虑到手机性能和芯片的问题，它最多支持 2～3（一个点最多受 3 根骨骼影响）根骨骼影响，所以我们在绘制权重的时候尽量使一个点被 2 段骨骼影响，如胯部、肩部，最多受到 3 根骨骼影响，这样才能在手机平台上显示正确的效果。

　　目前大部分的 AR 开发使用 Unity 的较多，那么这款引擎在一些动画效果上又不如影视的那么优秀，如截至目前还不支持三维软件的例子效果、毛发系统、各种变形器等。所以，随着科技的发展，AR 内容在呈现效果上有很多的路要走，也有很大的发展空间。

2. 3ds Max 骨骼系统与蒙皮

　　3ds Max 中有两种骨骼系统。第一种是自带的 Bone 骨骼，它可以绑定任何需要绑定的非生物物体和角色，只是在有些角色或者物体上工作流程较多，效率不高，如：对于人物的骨骼绑定，它需要设置 IK、FK 动画以及控制器（与后面提到的 Maya 绑定相似），因此对于不需要太复杂的动画效果而言效率不高。

　　第二种是 Character Studio，简称 CS。如图 7-25 所示，这套骨骼系统集成在 3ds Max 7 中，是 3ds Max 一个极其重要的模块，可以用于模拟人物、两足以及四足动物绑定和动画制作，它由 Autodesk 公司多媒体分部 Kintix 研制的。CS Biped 提供了一套具有人类骨架特点的骨架系统，集成了正向动力学（forward Kinematics）系统和反向动力学（Inverse Kinematics）系统，可以给其骨架设置任意样式的动作。Biped 的优点在于其骨架能够调整，可以精简枝节数量或是使其变得复杂，还能通过平移、旋转、缩放等变换方式改变造型。目前 CS 骨骼系统是备受开发者信赖的一款动画绑定系统，它可以将不同的动画文件融合到一个角色骨架上，也可以将运动数据赋予不同结构的 Biped 骨架上（.bip 格式），自动协调结构差异，得到流畅的动作。

　　CS 骨骼系统可以支持 Physique 变形系统以及 Skin 蒙皮系统。Physique 用模拟人物（包括二足动物）运动时复杂的肌肉组织变化的方法来再现逼真的肌肉运动。它可以把肌肉的鼓起、肌腱的拉伸、血管的扩张加到任何一种二足动物身上。它能模拟出逼真的人物，进而创建出"活灵活现"的动画效果。Skin 蒙皮系统是本身 Max 自带的模块，它可以先用封套大概包裹骨骼影响范围，然后再进行细调。

3. Maya 骨骼系统与蒙皮

　　Autodesk Maya 中的各个模块都很优秀，这里只讲述其绑定模块的一些知

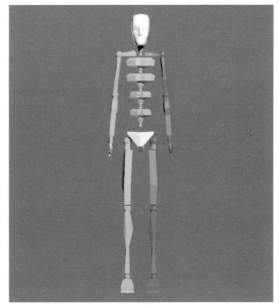

图 7-25

识及它的绑定方法。Maya 中 Joint 骨骼是常用绑定的绑定方式，可以针对任何需要绑定的非生物和动物进行绑定，是 CG、游戏、AR、VR 等目前非常流行的三维绑定软件。为模型绑定过程中用 IK、FK、属性关联、驱动关键帧、事件编辑器等方式来达到最终的效果，以绑定方法灵活、效果优秀等受到很多从业者的青睐。

下面介绍一个 Maya 腿部骨骼绑定范例。

如图 7-26 所示，我们已经根据腿部模型搭建好了蒙皮骨骼，并对骨骼进行了命名。选择骨骼加选模型，执行 Smooth Bind 命令，如图 7-27 所示。

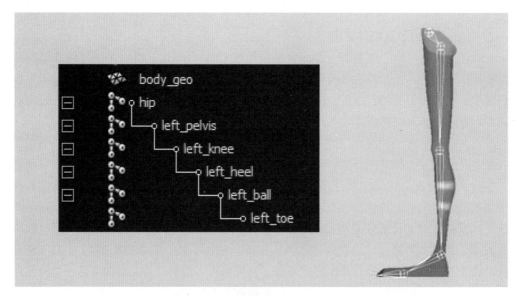

图 7-26

图 7-27

并对其进行使用 Paint Skin Weights Tool 工具进行权重的修改，如图 7-28 所示。

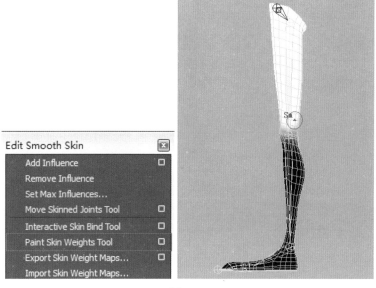

图 7-28

接下来需要让骨骼能够动起来，比如为腿部骨骼添加 IK。使用 IK Handle Tool 工具为 left_pelvis 到 left_heel 骨骼添加一个 IK 控制，如图 7-29 所示。

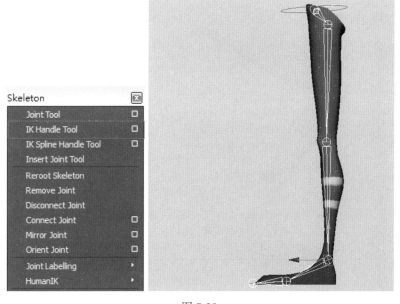

图 7-29

再为 left_heel 到 left_ball 添加 IK 控制，为 left_ball 到 left_toe 添加 IK 控制，如图 7-30 所示。

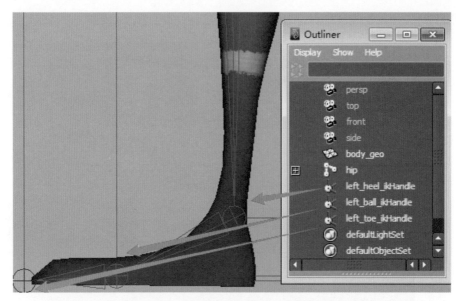

图 7-30

此时，可以选择这些 IK 控制并对其进行移动来测试效果，如图 7-31 所示。

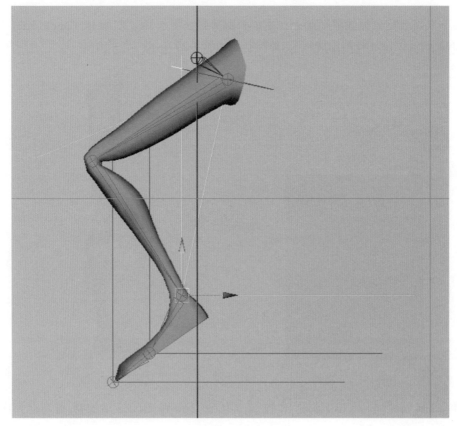

图 7-31

目前 IK 带动了骨骼，而模型被骨骼蒙皮影响了，腿和我们想象的一样动了起来，但还没有达到我们的要求，腿部还是比较灵活的除了抬腿外，脚掌也会有旋转和侧翻以及抬起脚掌的动作，所以我们还需要为此添加一些控制来达到预期效果，另外也要便于我们制作动画。接下来我们来看这些效果是通过哪些方式来完成的。先为脚部创建一组骨骼，顺序如图 7-32 所示。

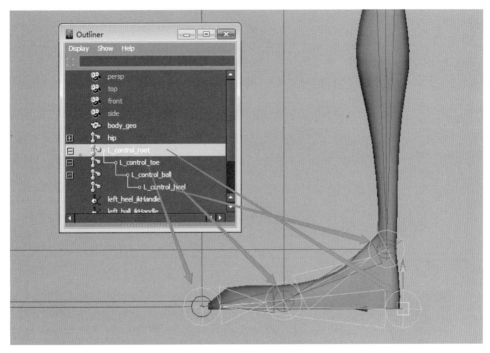

图 7-32

将之前创建的 IK 控制拖入组骨骼下成为它的子物体，如图 7-33 所示。

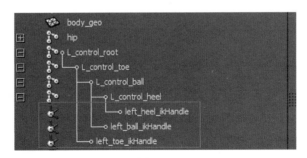

图 7-33

这样做的目的是用骨骼的旋转来控制 IK。然后旋转这组骨骼查看效果，你会发现图 7-34 已经达到了我们想要的效果，通过旋转这组不同的骨骼可以达到踮脚、旋转脚掌等动画效果，我们也可以为这个骨骼创建几个父层级，并把他们的轴向移动到脚的两侧或者其他想要旋转的地方，这样就可以实现脚掌侧翻等动画效果，如图 7-35 所示。

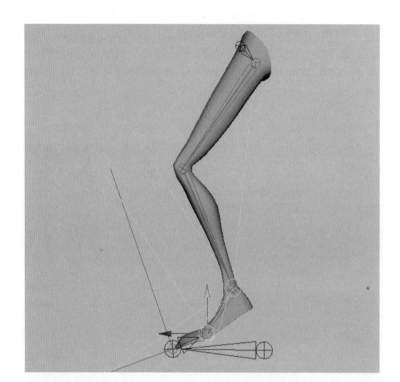

图 7-34

图 7-35

至此，我们基本已经可以做动画了，但操作还是不方便，我们制作的过程中还要去找这些特定的骨骼，比较麻烦，影响效率，那么接下来我们创建一些控制器，更直接、快捷地进行操作。我们为脚掌创建了一个名为 left_hip_control 的控制器，为膝盖创建了一个名为 left_knee_control 的控制器，如图 7-36 所示。

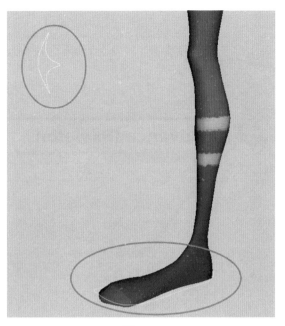

图 7-36

先选择 left_knee_control，加选 left_heel_ikHandle，然后执行 Constrain 中的 Pole Vector
命名，如图 7-37 所示。

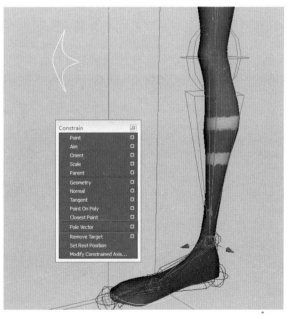

图 7-37

这时再移动 left_knee_control 控制器的时候，膝盖就会跟着一起旋转了。

当然，除了 Maya 有这些基础的绑定方式外，为了提高工作效率，也出现了第三方开发者开发的绑定插件，如 AdvancedSkeleton，如图 7-38 所示。

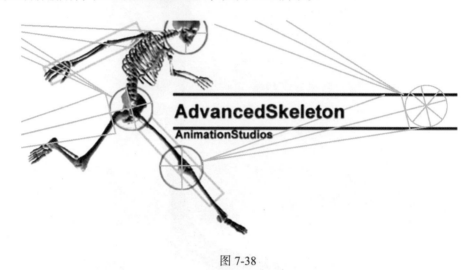

图 7-38

7.1.3 AR 角色绑定与动画制作案例

1. 为角色搭建骨骼

首先是绑定前的准备工作。具体步骤如下：

① 导入角色模型后对角色尺寸进行检查，如案例中的女性角色，身高在 1.68 米左右。

② 确保模型中心线在网格轴向中心，这有利于骨骼镜像和后面权重的镜像工作，如图 7-39 所示。

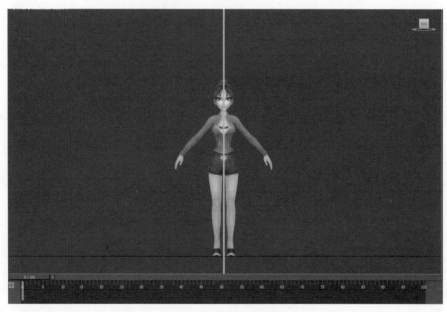

图 7-39

③ 检查是否有漏掉的点未合并，对修改调整后的所有模型进行 Reset XForm 后再执行 Convert to Editable Poly 操作。

其次，了解人体骨骼。具体步骤如下：

动画运动规律是我们在制作一个运动动画时的基础。如何让这个动画看上去真实？首先这个动画的运动关节的位置是正确的，运动关节的位置是正确的，旋转方向是正确的。那么这就需要我们在搭建模型骨骼的时候先要了解这个生物它应该具有的骨骼结构和运动状态。各种动物的骨骼结构如图 7-40 ~ 图 7-43 所示。

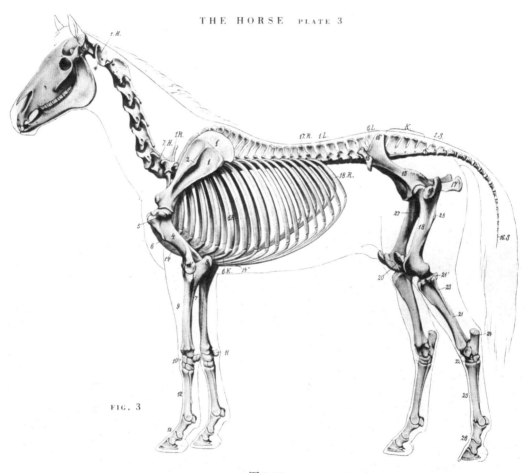

图 7-40

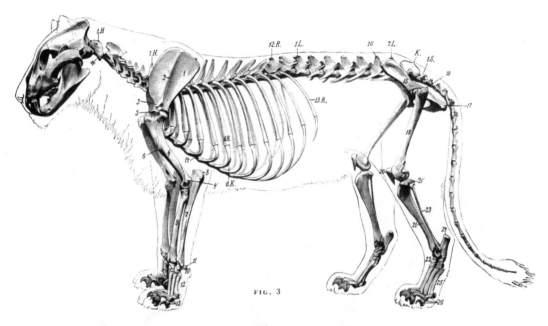

图 7-41

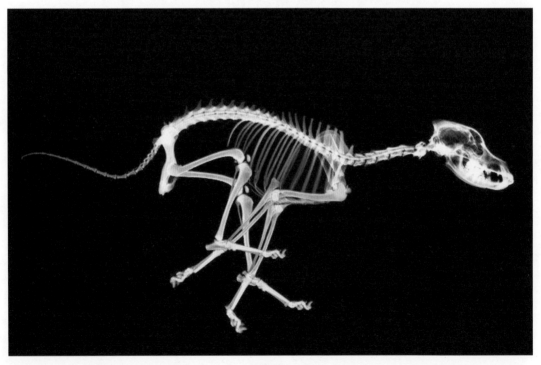

图 7-42

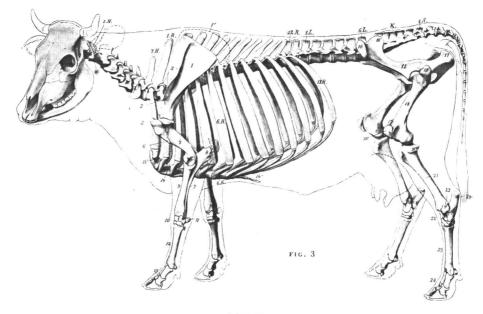

图 7-43

　　我们在制作人物骨骼时也需要参考正常人的骨骼结构来设置骨骼关节位置，如图 7-44 和图 7-45 所示。

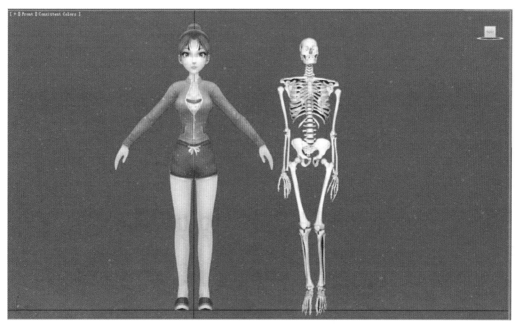

图 7-44

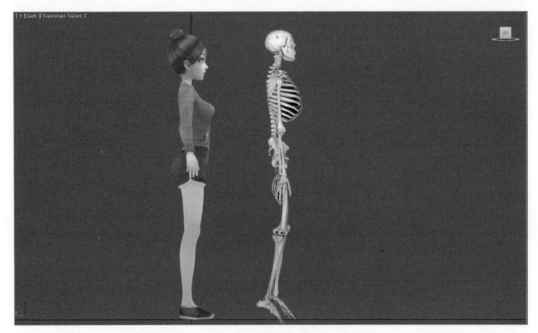

图 7-45

最后根据人体骨骼结构为角色搭建 Bip 骨骼。具体步骤如下：

① 创建 Bip 骨骼，并设置骨骼段数。创建好一个 Bip 骨骼后，在 Figure Mode 模式下调整 Structure 的参数。我们将脊椎设置为 3 段骨骼，将手指设置为 5 根 3 节骨骼。因为角色穿的是鞋，所以脚趾设置为 1 段，如图 7-46 所示。

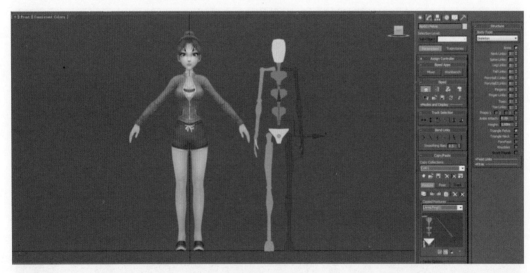

图 7-46

② 在 Figure Mode 模式下，根据人体骨骼结构，将创建的 Bip 骨骼通过移动、旋转、缩放方式与角色模型关节位置进行对位。在对位骨骼时，只需对位手臂和腿部一侧，另一侧

通过选中正确的骨骼后单击 Copy Posture 按钮进行复制，然后单击 Paste Posture Opposite 按钮进行粘贴，如图 7-47 和图 7-48 所示。

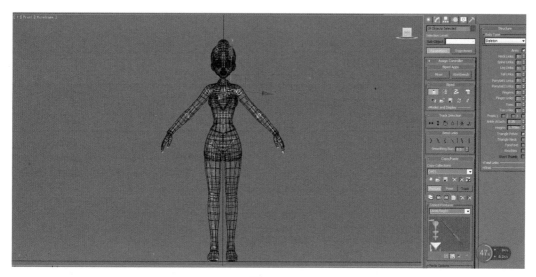

图 7-47

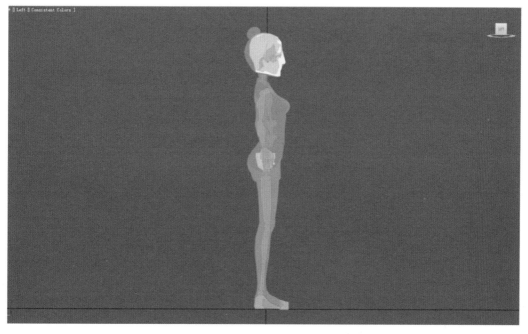

图 7-48

③ 为角色创建 Bone 骨骼。

❑ 为角色添加胸部骨骼，将其命名 breast_joint，并将其称为 Bip001 Spine2 胸腔骨骼的子物体。添加 breast_joint 的目的是角色在做大幅度的动作时，胸部会有跟随摆动的动画效果，如图 7-49 所示。

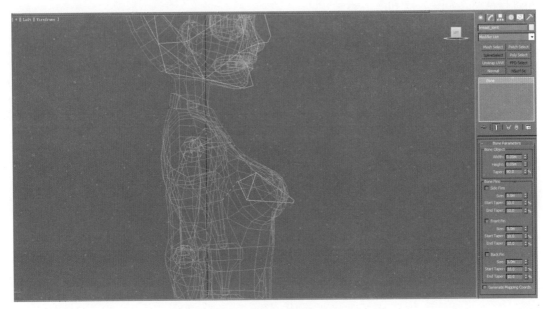

图 7-49

☐ 为角色添加眼球的控制骨骼。创建 bone 骨骼并命名为 left_eyeball_joint，将其与左眼
球中心点对齐，然后将眼球模型成为 left_eyeball_joint 骨骼的子物体，如图 7-50 所示。
当旋转 left_eyeball_joint 时，就如同人的眼球在转动。用同样的方法创建右侧眼球的
骨骼 right_eyeball_joint，并让新创建的眼球骨骼成为 Bip001 Head 头部骨骼的子物体。

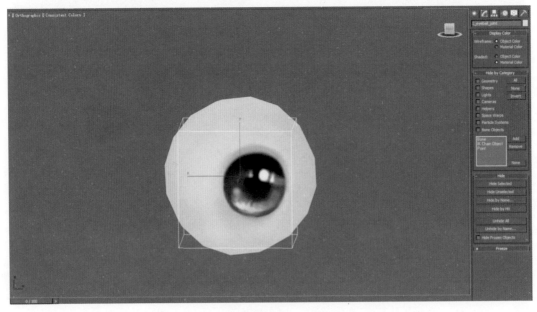

图 7-50

2. 对角色添加 Skin 蒙皮修改器并进行权重的分配

先为身体添加 Skin 蒙皮修改器：选中身体模型，为其添加 Skin 修改器，单击 Add 按钮选中所有骨骼后，移除 Bip001（质心骨骼不参与蒙皮，这部分由 Bip001 Pelvis 骨骼来影响蒙皮效果），left_eyeball_joint（做眼球骨骼）和 right_eyeball_joint（右眼球骨骼）是控制眼球旋转属性，不参与蒙皮，如图 7-51 和图 7-52 所示。

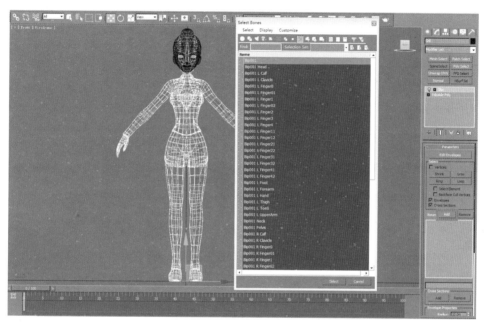

图 7-51

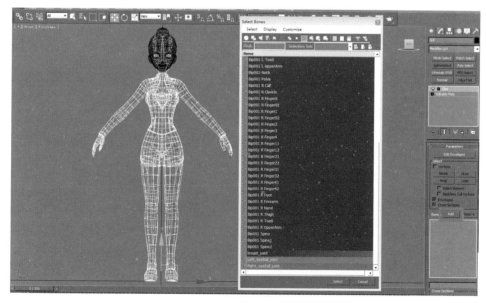

图 7-52

接下来为头部添加 Skin 修改器：选中头部模型，为其添加 Bip001 Neck（脖子）和 Bip001 Head（头）骨骼，如图 7-53 所示。

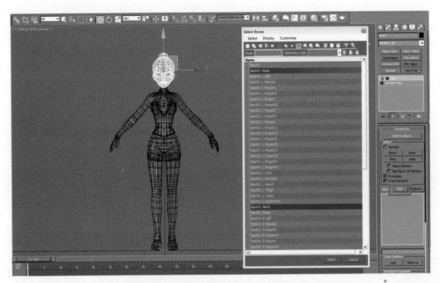

图 7-53

最后进行权重分配：针对模型添加完 Skin 修改器后，我们会为角色的每个关节进行动画的制作，或者导入一段动画来检查模型权重的合理性。退出 Bip 的 Figure Mode 模式，在起始帧的位置上，为全身骨骼进行关键帧的记录，在后面任意帧进行骨骼位移的操作，如图 7-54 所示。

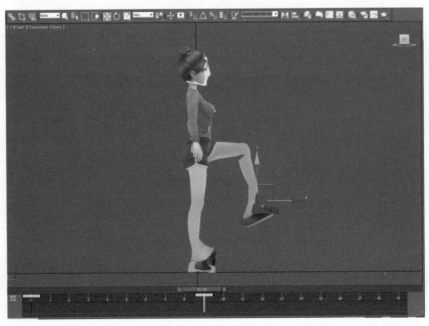

图 7-54

　　我们会发现角色的左腿抬起后，模型有一些拉伸。拉伸的原因是脚跟的这些点应该受到
Bip001 L Foot 骨骼的完全影响，即其权重应该是 1。从 Weight Tool 工具中能够看到这些点
的权重值也被分到了其他两根骨骼上，如图 7-55 所示，所以我们应该加强本应该影响的骨
骼影响值。注意，当我们发现某些模型点权重有错误的时候应该去增加本应该影响骨骼的权
重值，而不是解决那个错误的骨骼对它的影响，如本例中，抬起左腿，发现右腿也对左腿产
生了影响，那么只是取消了右腿的影响是不够的，它有可能会被身体的其他骨骼影响。

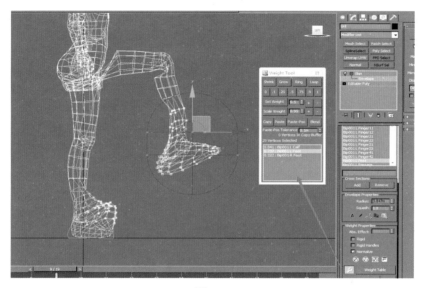

图 7-55

　　通过增加模型点对应骨骼的权重影响后，就可以达到我们的需求了，如图 7-56 所示。

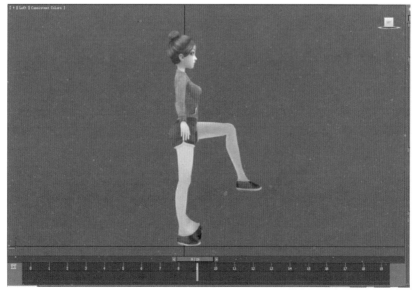

图 7-56

按照同样的方法检查和修改每根骨骼的效果，然后进行调整，得到一个合理的效果。

3. 制作角色表情动画

Morpher 是一种动画表现形式。将一个多边形物体通过调整顶点的形式，在三维空间里变形成另一种形态，中间的过渡由软件自行解算。但要求原模型与变形模型拥有相同的顶点信息，简单来说，就是从原模型复制出一个模型用来调整变形。这个功能多用于表情动画。

Global Parameters 的设置参数如图 7-57 所示。可以自定义通道列表中右侧数值范围，默认情况下通道数值范围是 0 ~ 100，当然用户也可以重新自定义它的范围。

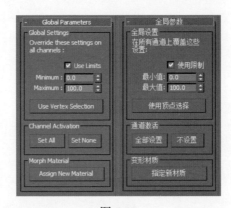

图 7-57

Channel List 的设置参数如图 7-58 所示。每个通道右侧都有一个数值可以调节，数值的范围可以自己设定，默认是 0 ~ 100。

图 7-58

在通道按钮上单击鼠标右键，可以打开快捷菜单，如图 7-59 所示。

图 7-59

Channel Parameters 的设置参数如图 7-60 所示，用于对目标物体的添加拾取，是制作表情主要用到的面板之一，后文会详细介绍。Channel Number 的设置参数如图 7-61 所示。单击序号按钮会弹出一个菜单，用于组织和定位通道，如图 7-62 所示。

以上就是在表情制作中，Morpher 面板下所用到的参数列表。接下来我们就用一个实例介绍其在表情上的应用。

图 7-60

图 7-61

图 7-62

在制作表情之前，我们需要找一些面部肌肉分布图来作为参考，比如角色在笑的时候，会牵扯到嘴部的口轮匝肌、咬肌、颊肌、眼部的眼轮匝肌等，通过调整实际运动的肌肉群，表情才会更加生动真实，如图 7-63 所示。

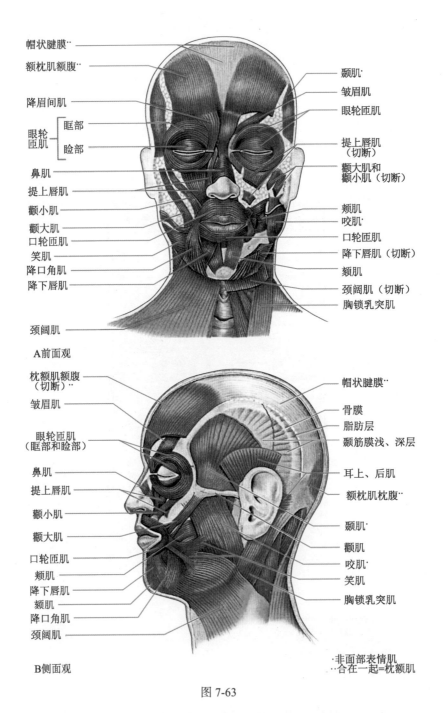

帽状腱膜··

额枕肌额腹··

降眉间肌

眼轮
匝肌 { 眶部
睑部 }

鼻肌

提上唇肌

颧小肌

颧大肌

口轮匝肌

笑肌

降口角肌

降下唇肌

颈阔肌

颞肌·

皱眉肌

眼轮匝肌

提上唇肌
（切断）

颧大肌和
颧小肌（切断）

颊肌

咬肌·

口轮匝肌

降下唇肌（切断）

颏肌

颈阔肌（切断）

胸锁乳突肌

A 前面观

枕额肌额腹
（切断）··

皱眉肌

眼轮匝肌
（眶部和睑部）

鼻肌

提上唇肌

颧小肌

颧大肌

口轮匝肌

颊肌

降下唇肌

颏肌

降口角肌

颈阔肌

帽状腱膜··

骨膜

脂肪层

颞筋膜浅、深层

耳上、后肌

额枕肌枕腹··

颞肌·

颊肌

咬肌·

笑肌

胸锁乳突肌

B 侧面观

·非面部表情肌
··合在一起=枕额肌

图 7-63

我们通过学习和借鉴优秀动画以及真实照片，为制作表情积累参考，如图 7-64 所示。

图 7-64

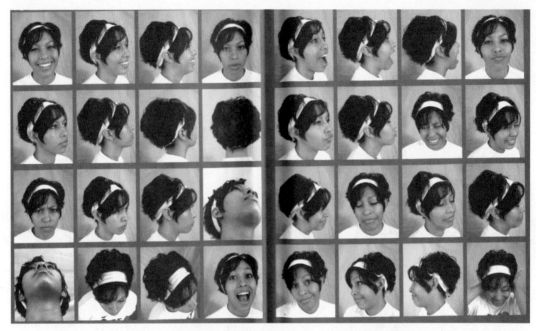

图 7-64（续）

我们先从原模型复制出一个模型，修改模型名字为 mouth_R（这里的变形模型名字具体按照项目要求来命名），然后在顶点模式下调整右边的嘴角，调出笑的表情。

如图 7-65 所示，根据面部肌肉分布参考图，通过软选择来调整模型，以运动幅度最大的肌肉群为中心做衰减调整。

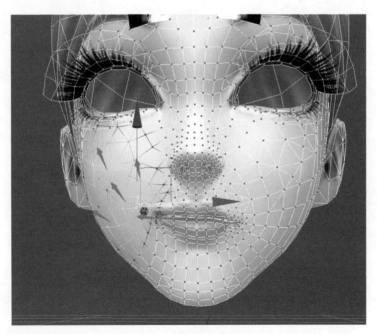

图 7-65

然后从各个角度观察调整后的效果，如图 7-66 所示。

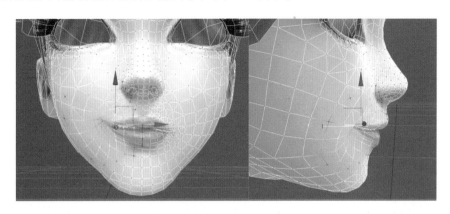

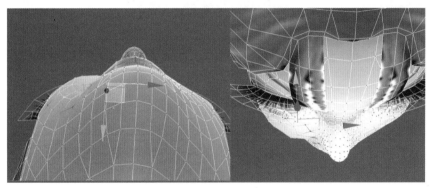

图 7-66

如图 7-67 所示，最后观察原模型与调整后的效果对比。变形模型调整好后，把变形模型的形变利用 Morpher 工具添加到原模型里，从而实现表情动画。

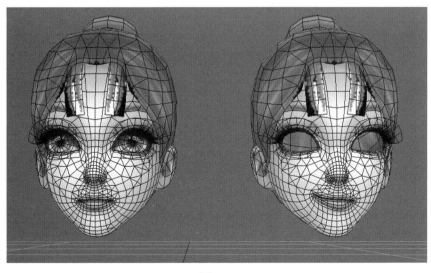

图 7-67

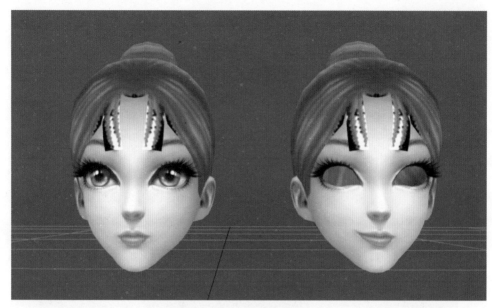

图 7-67（续）

选择原模型，在修改面板器里添加 Morpher，如图 7-68 所示。

在堆栈里点选 Morpher（见图 7-69），其下方会显示出 Morpher 的参数面板。然后在 Channel List 里点选其中一个空的通道（见图 7-70），再单击 Channel Parameters 里的 Pick Object from Scene 按钮（见图 7-71），最后点击选择刚刚调整好的模型拾取添加。

图 7-68   图 7-69

图 7-70

图 7-71

然后我们会看到调整好的模型名字出现在目标列表里。同样的通道列表里也会出现模型名字，如图 7-72 所示。

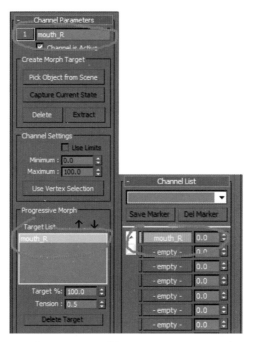

图 7-72

通过调整通道栏 mouth_R 后面的数值（0 ~ 100），就会得到一个右嘴角笑的表情动画。

当前的模型是有 Skin 信息的，将通道后面的数值调整到 100 时，会看到角色模型会回到初始动作状态，并且不受 Skin 的控制。

那么我们来看堆栈里面 Morpher，它是在所有堆栈的最顶端。由于 Morpher 是在堆栈的最顶端，控制优先级是 Morpher 高于 Skin，所以会出现 Skin 不起作用的问题。这时我们需要将 Morpher 拖动到 Skin 下面，就可以解决这个问题了，如图 7-73 所示。

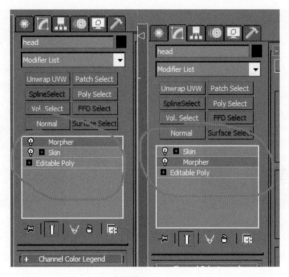

图 7-73

也就是说，我们通过复制得到一个基础模型，然后调整特定部位就能得到一个新的表情模型。

那么为什么不直接调整出一个完整的表情呢？当然可以，但是如果再想要另外的表情，就只能再次从头开始调整，重复性工作会占用大量的资源。所以一般我们会将嘴、眼等独立进行制作，这样可以通过组合达到多种丰富的表情变化。

如图 7-74 所示，变形模型调整得越多，表情越丰富。

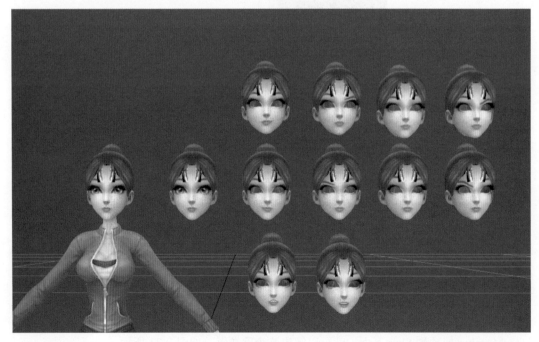

图 7-74

当前的变形模型可以融合出的表情有：嬉笑、愤怒、轻佻、开心等，如图 7-75 ~ 图 7-78 所示。

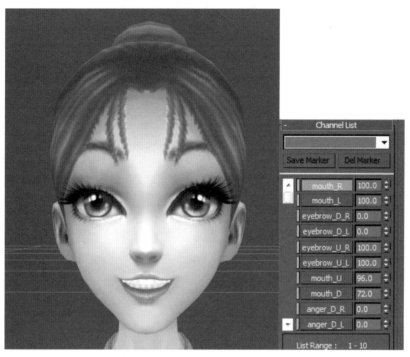

图 7-75

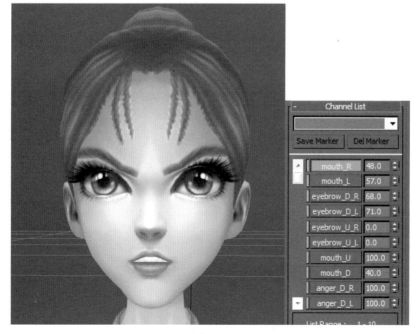

图 7-76

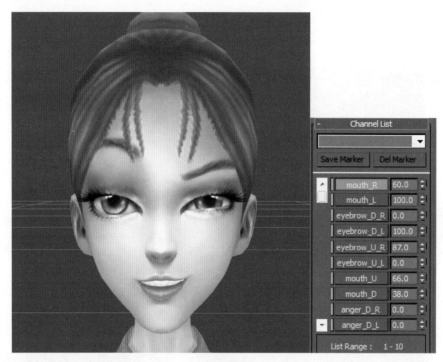

图 7-77

根据角色动画制作的需求，我们可以做出对应的表情变化，让角色更生动。

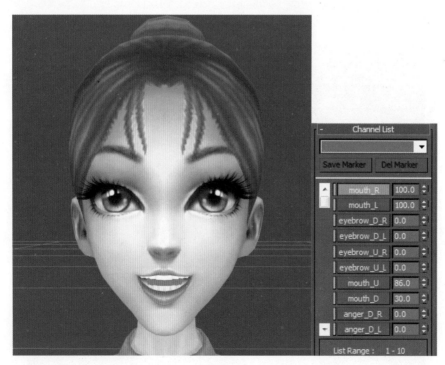

图 7-78

4．制作走路动画

走路动画是最基础也是频繁用到的动画状态。我们来分析一下走路的运动规律：起步的时候，首先我们的身体要向前倾把重心前移，然后会及时地迈出一条腿来保持平衡。重心随之前移，再迈出另一条腿，如此循环。走路时有倾斜的趋势，走路速度越慢，你的处理就越重要。速度越快，越有可能失去平衡。向前移动的时候，我们会尽量避免跌倒。简单来说，走路就是一个跌倒与阻止跌倒的过程的循环。

真实的行走是怎样的？这个动作是普通人每天都会重复无数次的动作，但是并不一定有人认真地观察、研究、分析过这个动作。把步行在纸上或是计算机中真实自然地表现出来并不是一件容易的事，如图 7-79 所示。

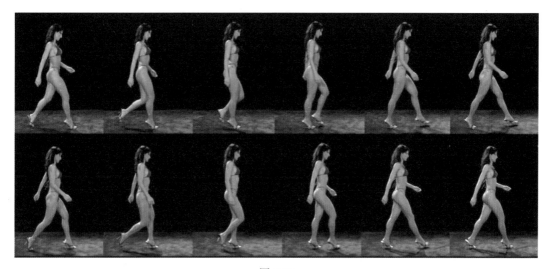

图 7-79

我们可以将整个走路动画姿势进行分解，以作为动画制作的关键姿势，就像传统的二维动画分解图一样，如图 7-80 所示。

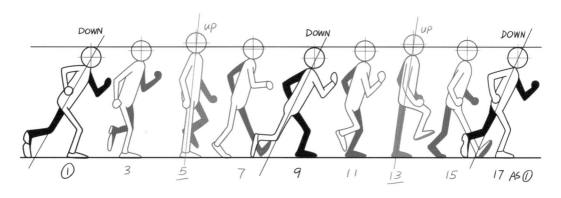

图 7-80

　　除了了解运动规律意外，我们还需要根据角色的性别、性格以及当前的状态制作出对应的动画效果。以本章案例的角色来说，我们可以制作出性感的走路效果，如图 7-81 所示。

图 7-81

当然，也可以制作出愤怒生气地走路这种动画效果，如图 7-82 所示。

图 7-82

接下来我们用一个实例来讲解走路效果的制作过程。

打开 Auto Key 帧，如图 7-83 所示。

如图 7-84 所示，单击右下角的时间配置按钮，调整帧速率为 NTSC 制（30 帧 /s）。调整起始（Start Time）帧为 "0"，结束帧（End Time）为 "32"。

在运动模式下开始动画制作，如图 7-85 所示。

图 7-83

图 7-84

拖动时间滑块到第 0 帧。调整第一帧 pose，从接触地面的肢体开始调整，如图 7-86 所示。

图 7-85

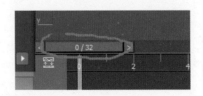

图 7-86

如图 7-87 所示，先调整髋部置心的高度让脚能接触到地面，调整髋部骨骼，然后调整脚的位置与姿态。注意肩与髋的关系和旋转角度。

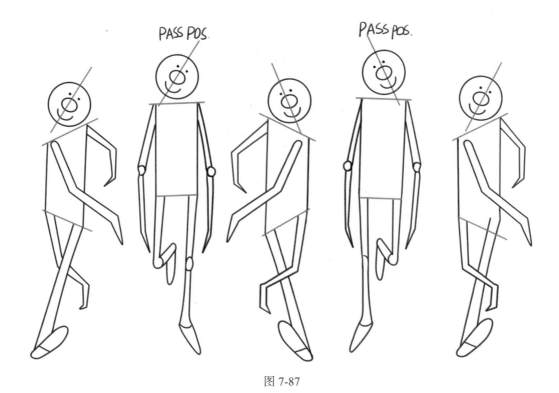

图 7-87

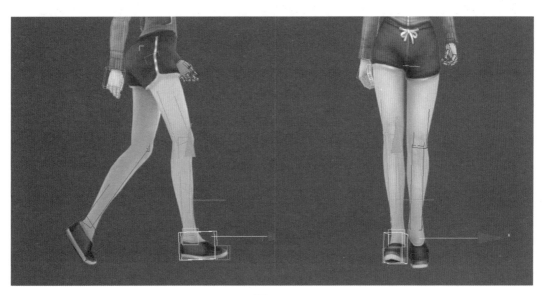

图 7-88

如图 7-88 所示，调整好后，选择置心、髋骨和腿部、脚部的骨骼。打开"复制 / 粘贴"的卷展栏，单击"复制"按钮■。然后将时间滑块调整到第 16 帧，再单击"粘贴"按钮，■ ■这两个粘贴按钮一个用于粘贴姿势，一个用于向对面粘贴姿势，这里单击向对面粘贴姿势的按钮，如图 7-89 所示。

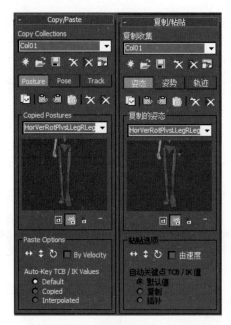

图 7-89

这样就得到了迈出另一只脚的姿势，如图 7-90 所示。

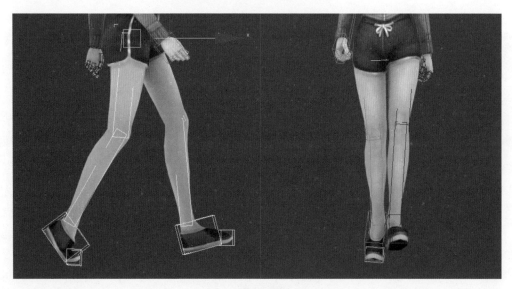

图 7-90

框选全部骨骼，把第 0 帧复制到第 32 帧。单击时间条上的第 0 帧，按住 <Shift> 键拖动到第 32 帧就复制了。播放动画观看效果（0 帧和 32 帧是一样的，播放起来就是个循环动画）。

接下来添加中间过渡帧。把时间滑块拖动到第 8 帧，调整姿势。这一帧要注意的是重心的偏移，现在由于重心全部在右腿上，所以这时的置心应该是靠右的，如图 7-91 所示。

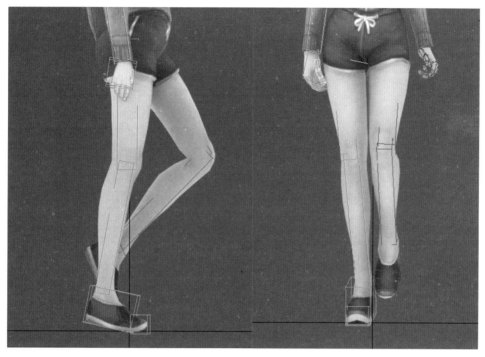

图 7-91

　　然后还是选择置心、髋骨和腿部、脚部的骨骼，单击"复制"按钮，再拖动时间滑块到第 24 帧的位置，单击向对面粘贴姿势。最后播放动画查看效果。

　　这时走路的大概动作已经差不多了，还需要继续添加细节中间帧。把时间滑块拖动到第 4 帧，调整角色姿势。要注意的是，这时置心的高度是处在最低点，如图 7-92 所示。

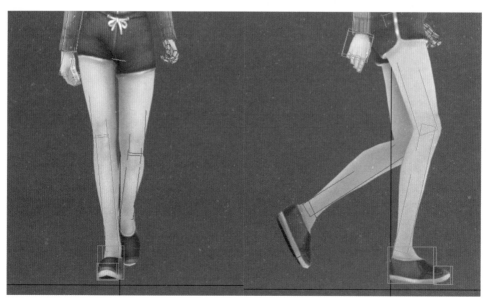

图 7-92

再把时间滑块拖动到第 12 帧调整姿势，这时的置心位置处在最高点，如图 7-93 所示。

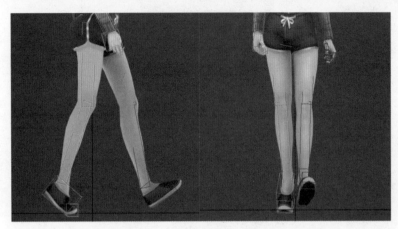

图 7-93

同样，在第 4 帧选择置心、髋骨和腿部、脚部的骨骼，单击"复制"按钮，在第 20 帧单击向对面粘贴姿势。第 12 帧单击"复制"按钮，在 28 帧单击向对面粘贴姿势。到目前为止，时间条上共有 9 个关键帧，播放动画查看效果，在这 9 个关键帧上调整不舒服的地方。在播放动画查看效果，如此反复观察。

至此，下半身的动作基本调节完成，下面来调整上半身的姿势。

将时间滑块拖动到第 0 帧，配合下半身调整上半身的姿势。注意观察肩膀与髋部的关系和旋转角度，如图 7-94 和图 7-95 所示。

图 7-94

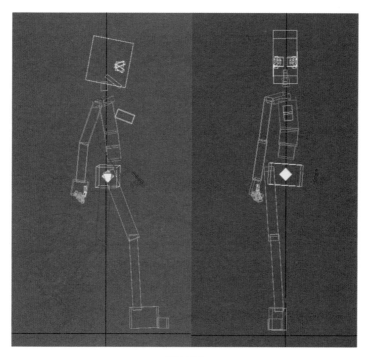

图 7-95

选择上半身所有骨骼，单击"复制"按钮，在第 16 帧单击向对面粘贴姿势的按钮，如图 7-96 所示。

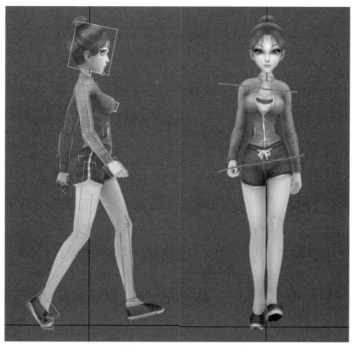

图 7-96

　　把第 0 帧复制到第 32 帧，播放动画查看效果。同样，继续调整中间过渡帧，添加细节头部动作、胳膊的角度等，再播放动画查看效果，如此反复。头部的摆动不要过大，视角色性格而定，否则会让人感到眩晕。这里需要多参阅些 2D 的动画理论知识和图片，多观察多思考，如图 7-97 所示。

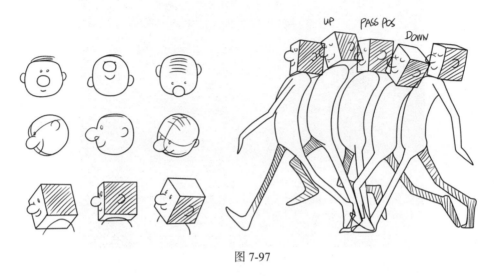

图 7-97

　　至此，一个走路动画就基本完成了，具体效果还要大家自己多观察多练习，找准关键姿势，做好节奏，才能做出让人感觉舒服的动画。

　　如图 7-98 所示，角色迈出一步时需要对应画出的 12 格画面，和我们在做动画时的 12帧相对应，可以作为参考。在制作动画过程中，帧速率是会按照要求变更的，但总 的来讲都是按秒计时，区别是每秒要做多少帧动画。

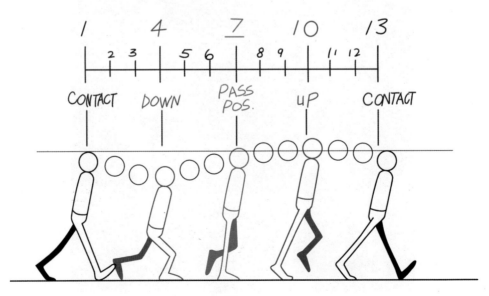

图 7-98

除此之外，一些二维动画家为了工作上的方便，也会使用8格和16格的方法。一般情况下，我们可以参考下面的数据。

完成一步时使用：

4 帧 = 很快的跑步（一秒钟6步）

6 帧 = 跑步或者快走（一秒钟4步）

8 帧 = 慢跑或者是卡通中的步行（一秒钟3步）

12 帧 = 轻快的、商业性的——像走路——普通的步行（一秒钟两步）

16 帧 = 散步——更加从容不迫（一步2/3秒）

20 帧 = 老人或者是很累的人（几乎是一秒一步）

24 帧 = 慢走（一秒一步）

32 帧 = 这个人肯定是迷路了

测量步行（或是其他任何东西）时间的最好方法就是亲自实践并用秒表计时。同时，使用节拍器也会有很大帮助。

7.2　Unity 3D中动画与特效的制作

7.2.1　Unity 动画系统

Unity 提供了 Animation 编辑器，我们经常使用它来制作一些模型的移动、旋转、缩放、材质球上的透明显示、UV 动画等。但 Unity 目前版本还不能完成 IK 动画，所以像骨骼连带动画这类复杂效果还得在 3ds Max 或 Maya 等三维软件中完成。

Unity 制作动画的时候首先要对模型层级进行整理，如案例中风扇中的扇叶属于风扇头的子物体，当转头的时候，扇叶也跟着一起转，扇叶自身也可以旋转。在对对象材质制作动画时，要找准 MeshRenderer 中可以被制作动画的属性。如：MeshRenderer.Material._TinColor 可以制作对象的 RGB 以及 alpha 透明属性；MeshRenderer.Material._MainTes_ST 可以制作对象的 UV 动画等；以及根据项目需求编辑的新的 Shader 属性。

首先在 Hierarchy 视图中创建一个物体对象，这里导入一个风扇的模型对象。鼠标保持选中状态，然后在 Unity 导航菜单栏中选择 Window → Animation 命令，弹出动画编辑窗口。

如图 7-99 所示，Animation 窗口弹出后，单击 Create 按钮。将该动画命名为 electric_fan，在窗口中单击 Save 按钮，此时一个名叫 electric_fan 的动画文件将被保存在 Project 视图中。单击红色动画记录按钮，此时动画将处于编辑中模式，如图 7-100 所示，在右上方空白处单击鼠标右键，将 parts 下的 Rotation 进行设置。

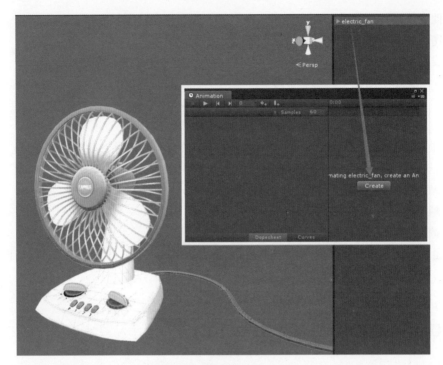

图 7-99

图 7-100

注意，parts 下的 Rotation 用于控制风扇头的左右旋转，所以添加物体动画时首先要整理好模型的层级；再者是要找准需要制作动画的属性，是旋转，还是物体位移或者是材质上的动画变化。接下来为风扇的左右转头进行动画制作。在第 0 帧，我们为 parts 的 Rotation 中的 Y 轴记录一个 -45°，300 帧记录为 45°。600 帧记录为 -45°（一般风扇旋转一个循环大约需要 10s。Unity 帧速率为 60 帧 /s），并将运动曲线改为淡入淡出，目的是让两段极限位置上缓慢一些，如图 7-101 所示。

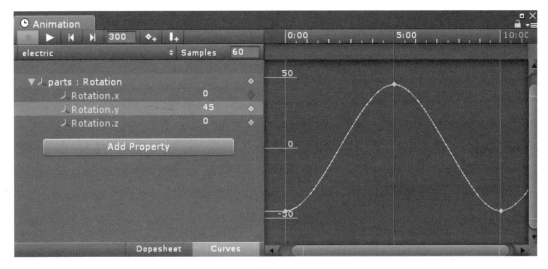

图 7-101

此时单击播放按钮，可以观察到风扇开始左右转动起来了。接下来为风扇添加扇叶旋转的动画，单击 Add Property，添加 blade 下的 Rotation，并对其旋转 Z 轴进行动画制作如图 7-102 所示。在第 0 帧时 rotation Z 为 0，在第 600 帧时为 -21600，并将其运动修改为匀速。

图 7-102

此时单击播放按钮可以观察到风扇已经开始正确地运动了。

7.2.2　Unity 粒子特效系统

在 AR 项目中，需要一些很炫丽的效果来提升和增加场景丰满度、层次感以及真实感，比如烟雾、爆炸、火焰等。这些效果的实现用通常的模型是很难实现或者即使实现也很牵强的，达不到很逼真的效果，整个 AR 的体验质量自然也就大打折扣。而这些工作正是粒子系统所擅长的。

Unity 中有两套粒子系统：Unity 5.0 自带粒子系统和旧版本粒子系统。

1．Unity 5.0 自带粒子系统

下面分别介绍该系统的一些参数。

Initial（初始）的参数如图 7-103 所示。

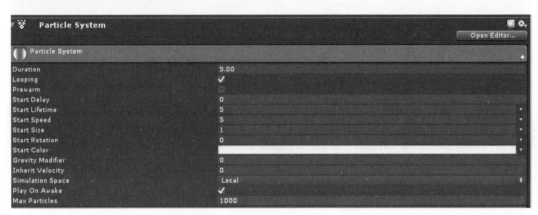

图 7-103

- ❑ Duration：粒子系统发射粒子的发射持续时间。
- ❑ Looping：粒子系统是否循环发射。
- ❑ Prewarm：预热系统，当 Looping 启用时，才能启动预热系统，这意味着粒子系统在游戏开始时已经发射粒子，就好像它已经发射了粒子一个周期。
- ❑ Start Delay：延迟发射，发射粒子前的延迟。注意，在 Prewarm（预热）启用时，该项不能使用。
- ❑ Start Lifetime：粒子存活时间，以秒（s）为单位。
- ❑ Start Speed：粒子速度。
- ❑ Start Size：粒子大小。
- ❑ Start Rotation：发射粒子的旋转值。
- ❑ Start Color：发射粒子的颜色。
- ❑ Gravity Modifier：重力系统，粒子在发射时受到的重力影响。
- ❑ Inherit Velocity：继承速度，控制粒子速率的因素将继承自粒子系统的移动（对于移动中的粒子系统）。

❏ Simulation Space：模拟发射空间，决定粒子系统以自身坐标系运行还是世界坐标系运行。

❏ Play On Awake：唤醒时播放，如果启用粒子系统，当在创建时，自动开始播放。

❏ Max Particles：粒子单次发射的最大数量。

Emission（发射）的参数如图 7-104 所示，主要用于控制粒子每秒发射数量的速率。

图 7-104

❏ Rate：速率，每秒或每米的粒子发射的数量。

❏ Bursts：仅在 Time 选项下，在粒子发射期间的瞬间爆发。

❏ Time 和 Particles：粒子爆发的时间和数量，指定时间（在生存期内，以 s 为单位），将发射指定数量的粒子。用 "+" 或 "-" 调节爆发次数。

Shape（形状）的参数如图 7-105 所示。用于定义发射器的形状，如球形、半球体、圆锥、盒子和模型。能提供初始的力，该力的方向将沿表面法线或随机。

图 7-105

① 若选择 Sphere，则设置如下参数。

❏ Radius：球体的半径（可以在场景视图里手动操作）。

❏ Emit from：选择 Shell，从外壳发射，即从球体外壳发射。如果设置为不可用，粒子将从球体内部发射。

❏ Random Direction：随机方向，粒子将沿随机方向或是沿表面法线发射。

② 若选择 Hemisphere，则设置如下参数。

❏ Radius：半椭圆的半径（可以在场景视图里手动操作）。

❏ Emit from：选择 Shell 从外壳发射，即从半椭圆外壳发射。如果设置为不可用，粒子将从半椭圆内部发射。

❏ Random Direction：随机方向，粒子将沿随机方向或是沿表面法线发射。

③ 若选择 Cone，则设置如下参数。

❏ Angle：圆锥的角度。如果值是 0，粒子将沿一个方向发射（可以在场景视图里面手动操作）。

❏ Radius：半径。如果值超过 0，将创建 1 个帽子状的圆锥，通过这个将改变发射的点（可以在场景视图里手动操作）。

④ 若选择 Box，则设置如下参数。

❑ Box X：立方体 X 轴的缩放值（可以在场景视图里手动操作）。

❑ Box Y：立方体 Y 轴的缩放值（可以在场景视图里手动操作）。

❑ Box Z：立方体 Z 轴的缩放值（可以在场景视图里手动操作）。

❑ Random Direction：随机方向，粒子将沿一个随机方向发射或沿 Z 轴发射。

⑤ 若选择 Mesh 网格，则设置如下参数。

❑ Type：类型，粒子将从顶点、边或面发射。

❑ Mesh：网格，选择一个面作为发射面。

❑ Random Direction：随机方向，粒子将沿随机方向或是沿表面法线发射。

Velocity Over Lifetime 的参数如图 7-106 所示，用于调整粒子的运动方向与运动曲线，可增加随机值。

图 7-106

❑ X、Y、Z：使用常量曲线或在曲线中随机去控制粒子的运动路径。

❑ Space：有两个选项，用于决定速度值在局部还是在世界坐标系。

Limit Velocity Over Lifetime（存活期间的限制速度）的参数如图 7-107 所示。

图 7-107

❑ Separate Axis：分离轴，用于每个坐标轴控制。

❑ Speed：速度，用常量或曲线指定来限制所有方向轴的速度。

❑ Dampen：阻尼（0 ~ 1）的值确定多少过度的速度将被减弱。举例来说，值为 0.5，将 50% 的降低速度。

Force Over Lifetime（存活期间的受力）的参数如图 7-108 所示。

图 7-108

❑ X、Y、Z：使用常量或随机曲线来控制作用于粒子上面的力。

❑ Randomize：随机作用在粒子上面的力都是随机的。

Color over Lifetime（存活期间的颜色）的参数如图 7-109 所示。

❑ Color：可控制每个粒子在其存活期间的颜色变化以及透明变化。如果有的粒子生命周期短，那么变化则更快。

❑ Alpha：生命周期内粒子透明属性的变化。

❑ Color：生命周期内粒子颜色属性的变化。

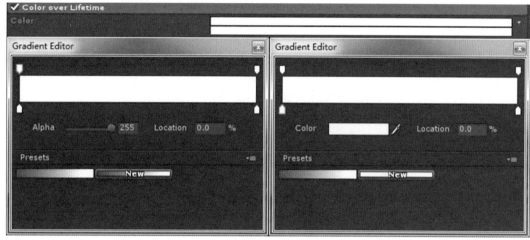

图 7-109

Color by Speed（存活期间的颜色变化速度）的参数如图 7-110 所示。

图 7-110

❑ Color：用于指定速度，有两种颜色可供选择。

❑ Speed Range：min 和 max 值用来定义颜色变化范围。

Size over Lifetime（存活期间的尺寸）的参数如图 7-111 所示。

图 7-111

❑ Size：粒子在其存活期间内的大小尺寸。使用常量、曲线、曲线随机方式控制变化。

Size by Speed（存活期间的大小速度）的参数如图 7-112 所示。

图 7-112

❑ Size：指定速度变化，用曲线表示。

❑ Speed Range：min 和 max 值用来定义大小速度范围。

Rotation over Lifetime（存活期间的旋转速度，以度为单位指定值）的参数如图 7-113 所示。

图 7-113

Angular Velocity：旋转速度，控制每个粒子在其存活期间的旋转速度。使用常量、曲线、曲线随机来控制变化。

Rotation by Speed（旋转速度）的参数如图 7-114 所示。

图 7-114

❑ Angular Velocity：用于重新测量粒子的速度。使用曲线表示各种速度。

❑ Speed Range：min 和 max 值用来定义旋转速度范围。

Collision（碰撞）的参数如图 7-115 所示。用于为粒子系统建立碰撞。现在只有平面碰撞被支持，这个将很有效率地执行简单探测。平面的建立将引用 1 个现有的位置变换或者创建 1 个新的物体，来达到这个目的。

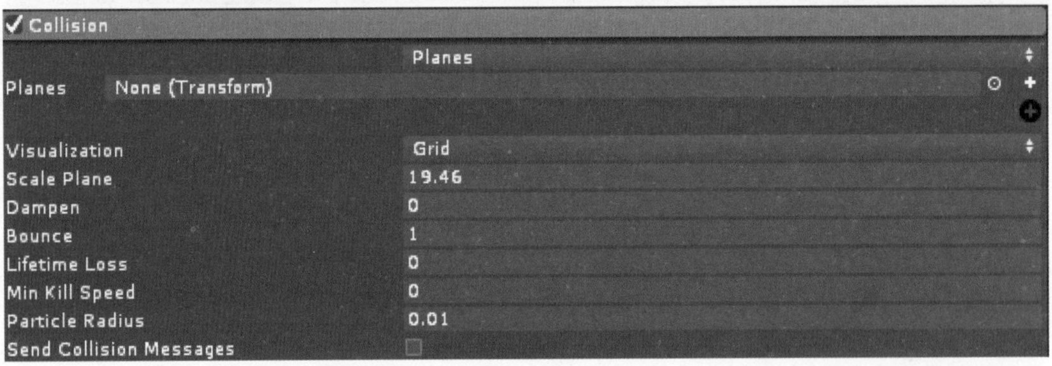

图 7-115

❑ Planes：被定义为指定变换引用。变换可以是场景里面的任何一个，而且可以动画化。多个面也可以被使用。注意 Y 轴作为平面的法线。

❑ Dampen：0 ～ 1 当粒子碰撞时，这个将保持速度的一小部分。除非设置为 1，任何粒子都会在碰撞后变慢。

❑ Bounce：0 ～ 1 当粒子碰撞，这个将保持速度的比例，这个是碰撞平面的法线。

❑ Lifetime Loss：生命减弱（0 ～ 1），初始生命每次碰撞减弱的比例。当该值为 0 时，粒子死亡。

❑ Visualization：用于可视化平面。即网格还是实体。

● Grid：渲染为辅助线框，将很快地指出在世界中的位置和方向。

● Solid：在场景渲染为平面，用于屏幕的精确定位。

❑ Scale Plane：用于重新缩放平面。

Sub Emitter（子粒子发射）的参数如图 7-116 所示。

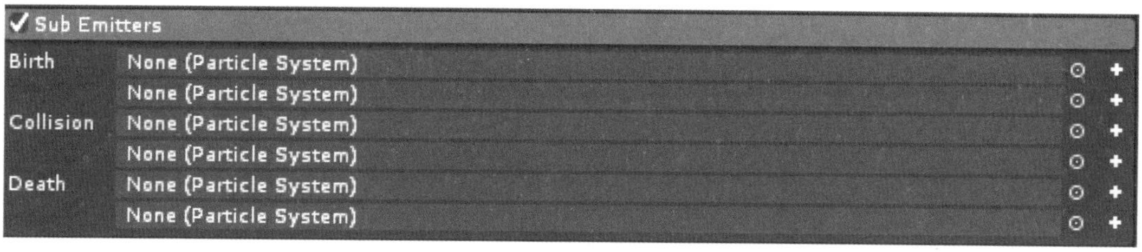

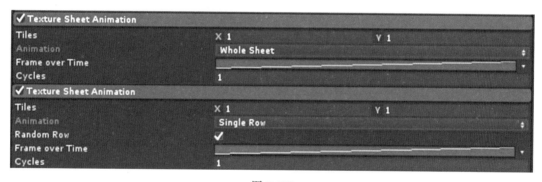

图 7-116

❑ Birth：在每个粒子出生的时候生成其他粒子系统。

❑ Death：在每个粒子死亡的时候生成其他粒子系统。

❑ Collision：在每个粒子碰撞的时候生成其他粒子系统。重要的碰撞需要建立碰撞模块。

Texture Sheet Animation（纹理层动画）的参数如图 7-117 所示。

图 7-117

❑ Tiles：用于定义纹理 X、Y 的平铺。

❑ Animation：用于指定动画类型，即是整个表格或是单行。

❑ Frame over Time：用于在整个表格上控制 UV 动画。使用常量、曲线和曲线随机。

- Single Row：用于为 UV 动画使用表格单独一行。

- -Random Row：如果选择，第一行随机；如果不选择，得指定行号（第一行是 0）。

- -Frameover Time：在 1 个特定行控制每个粒子的 UV 动画。使用常量、曲线和曲线随机。

❑ Cycles：用于指定动画速度。

Renderer（渲染器）的参数如图 7-118 所示。

❑ Render Mode：渲染模式，选择下列粒子渲染模式之一。

- Billboard：广告牌，让粒子永远面对摄像机。

- StretchedBillboard 拉伸广告牌，粒子将通过下面的属性伸缩。

◆ -CameraScale：摄像机缩放，决定摄像机的速度对粒子伸缩的影响程度。

◆ -SpeedScale：速度缩放，通过比较速度来决定粒子的长度。

♦ -LengthScale：长度缩放，通过比较宽度来决定粒子的长度。
- HorizontalBillboard 水平广告牌，让粒子沿 Y 轴对齐。
- VerticalBillboard：垂直广告牌，当面对摄像机时，粒子沿 XZ 轴对齐。

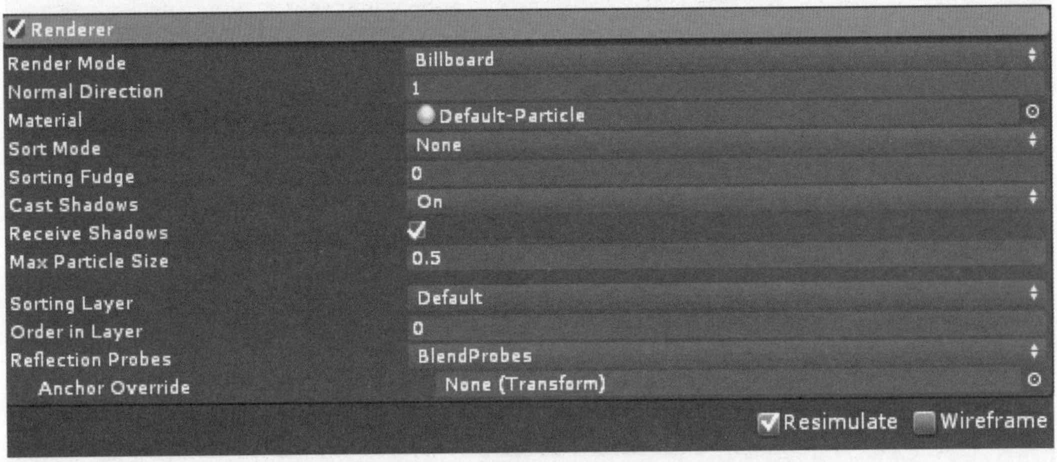

图 7-118

Mesh：网格，粒子被渲染时使用指定形状。
☐ Material：材质，广告牌或网格粒子所用的材质。
☐ Sort Mode：排序模式，渲染顺序可通过距离渲染，生成早优先渲染和生成晚优先渲染。
☐ Sorting Fudge：排序校正，使用该项将影响渲染顺序。
☐ Cast Shadows：投射阴影，粒子系统是否可以投影是由材质决定的。
☐ Receive Shadows：接受阴影，粒子是否能接受阴影是由材质决定的。
☐ Max Particle Size：最大粒子大小，设置最大粒子大小，相对于视窗大小。有效值为 0～1。

2. 旧版本粒子系统（Unity 3.4 自带粒子系统）

旧版粒子系统中一个完整的粒子特效是由以下 3 个组件共同作用完成的：

（1）粒子发射器

粒子发射器（particle emitter）用于产生粒子，控制粒子的生命周期、速度以及范围。它有两种粒子发射器类型，分别是椭圆粒子发射器（ellipsoid particle emitter）和网格粒子发射器（mesh particle emitter）。椭圆粒子发射器通常用于灰尘、烟雾以及其他环境因素。之所以称其为椭圆粒子发射器，是因为它只在一个椭圆空间内产生粒子。网格粒子发射器是直接绑定在一个 3D 网格上的，可以随着网格的动画而改变。

（2）粒子动画

粒子动画（particle animator）用于定义粒子在其生命周期内的行为。为了表现持续的、动态的粒子特效，粒子都有一个生命周期，生命完成后，粒子将自动销毁。

我们还可以在粒子动画师中设置粒子在其生命周期内的颜色渐变，这使得粒子特效更加逼真。

（3）粒子渲染

粒子渲染（Particle Renderer）用于定义单个粒子的视觉外观。粒子其实是平面的图像，是一张 2D 的图片，Unity 通过 Billboarding 技术使其永远面向摄像机渲染，所以呈现在我们面前的是 3D 的效果。下面介绍完整的粒子系统 Unity 3.4 的 Inspector 界面以及各个属性。

Ellipsoid Particle Emitter 椭圆粒子发射器的各参数如图 7-119 所示。

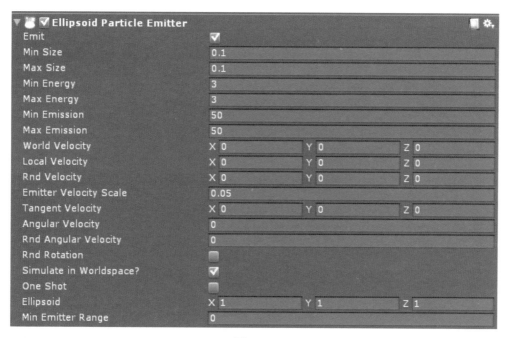

图 7-119

❑ Emit：如果激活，发射器将会发射粒子。

❑ Min Size：每次产生粒子的最小尺寸。

❑ Max Size：每次产生粒子的最大尺寸。

❑ Min Energy：粒子的最小生命周期，用 s 来度量。

❑ Max Energy：粒子的最大生命周期，用 s 来度量。

❑ Min Emission：每秒钟所产生的最少粒子数。

❑ Max Emission：每秒钟所产生的最多粒子数。

❑ World Velocity：粒子在空间范围中的起始速度。

❑ Local Velocity：粒子以物体为参照物的速度。

❑ Rnd Velocity：依赖于 X、Y、Z 的随机加速度。

❑ Emitter Velocity Scale：发射器缩放值，粒子继承的发射器速度的总和。

❑ Tangent Velocity：粒子通过发射器表面的正切起始速度。

❑ Angular Velocity：角速度。

❑ Rnd Angular Velocity：随机角速度。

❑ Rnd Rotation：随机旋转角度。

❑ Simulate in Worldspace：如果激活，粒子在发射器移动的情况下不会改变位置；如果不激活，粒子会随发射器移动。

❑ One Shot：如果激活，粒子数将会取最小数和最大数之间的一个固定数；如果没有激活，将会产生一束粒子流。

❑ Ellipsoid：产生粒子的空间范围。

❑ Min Emitter Range：定义球体范围内为空，让粒子只出现在空间范围表面。

Mesh Particle Emitter（网状粒子发射器）的参数如图 7-120 所示。

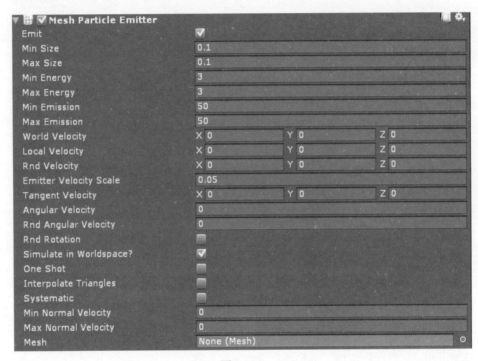

图 7-120

该工具栏的其他属性同椭圆粒子发射器一样，以下是其特定属性。

❑ Interpolate Triangles：如果激活，粒子会在网状物的表面产生；如果没有激活，粒子只能沿网的平面产生。

❑ Systematic：如果激活，粒子将会在网定义的垂直范围产生。尽管该属性可能很少用到，但大多数 3D 模型在初始状态都是很有规律的，在网没有表面的时候是非常重要的。

❑ Min Normal Velocity：粒子从网格上抛出的最小数量。

❑ Max Normal Velocity：粒子从网格上抛出的最大数量。

Particle Animator（粒子动画）的参数如图 7-121 所示。

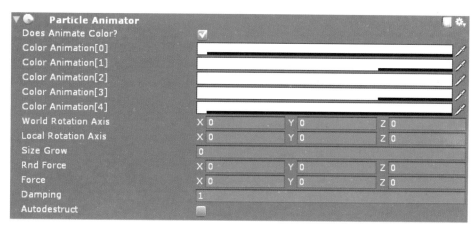

图 7-121

❑ Does Animate Color：是否启动颜色动画。

❑ Color Animation：颜色变化选择。

❑ World Rotation Axis：让粒子以空间坐标的 X、Y、Z 轴方向旋转。

❑ Local Ratation Axis：让粒子以自身坐标的 X、Y、Z 轴方向旋转。

❑ Size Grow：让粒子以设定的比例随机变大并增加。

❑ Rnd Force：生命周期，数值越高，从小变大程度越高，随机在每帧增加一个力看起来更生动。

❑ Force：为粒子飘动增加一个固定的施力方向。数值越大，力量越大。

❑ Damping：设定多少粒子在运动中被放慢速度。预设正常值为 1，若小于 1，则粒子运动速度会减慢。

❑ Autodestruct：勾选时，当所有粒子都消失时，附属在这个粒子系统的 GameObject 消失。

Particle Renderer（粒子渲染）的参数如图 7-122 所示。

图 7-122

❑ Cast Shadows：是否产生阴影。

❑ Receive Shadows：是否接收阴影。

❑ Materials：粒子外观的材质。

❑ Camera Velocity Scale：在场景摄像机移动时，调整此数值来拉伸粒子，以达到想在镜头里看到的效果。

❑ Stretch Particles：在镜头拍到粒子时，决定粒子以什么形态出现。

- Billoard：当粒子面对镜头时才呈现。
- Stretched：朝向粒子运动的方向去做拉伸延展。
- SortedBillboard：当使用混合材质时，粒子会依照距离镜头的远近做排列。
- VerticalBillboard：所有粒子沿着 XZ 轴对齐飘动。
- HorizontalBillboard：所有粒子沿着 XY 轴对齐飘动。

❑ Length Scale：当 Stretch Particles 设定用 Stretched 选项时，修改该值会决定粒子根据本身速度被拉伸的程度。

❑ UV Animation：使粒子产生 UV 动画效果。

❑ XTile：根据 X 轴每帧产生一次位移。

❑ YTile：根据 Y 轴每帧产生一次位移。

❑ Cycles：多长时间循环一次。

7.2.3 Unity 粒子特效案例

我们制作这样一个特效：一个金币由一个点爆开一定的范围后落地，然后弹跳后消失。最终结果如图 7-123 所示。

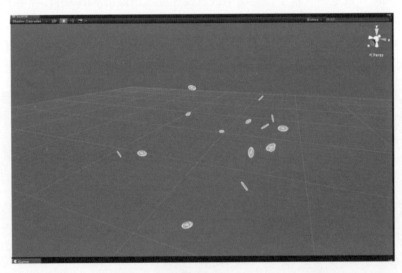

图 7-123

分析：首先我们把这个特效分为两部分：第一部分是运动形态，由一个点快速爆开后，金币受重力的影响开始下落。因为金币属于质感较硬的物体，它碰到地面后会反弹几次，并且整个运动过程中带有一定的随机旋转。第二部分是粒子显示的贴图，金币是圆形的，在掉落的过程中会有不同角度的旋转，所以我们需要制作一个旋转的金币模型，并对其进行渲染，然后组成一张序列贴图，如图 7-124 所示。

图 7-124

1. 金币序列贴图 - 模型制作

具体步骤如下：

① 创建一个 Cylinder 模型，使其边缘轮廓尽量圆滑，将段数设置得高一些。高度调整到合适的钱币厚度，如图 7-125 所示。

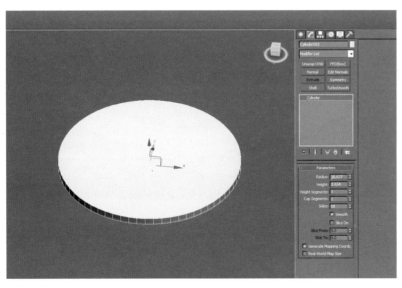

图 7-125

② 将 Cylinder 转换成可编辑多边形，如图 7-126 所示。

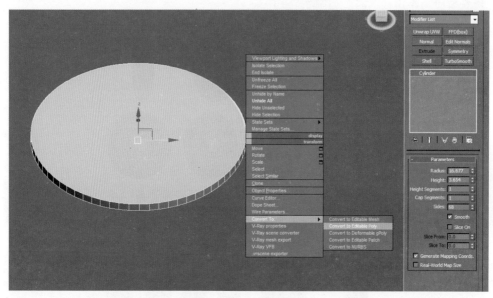

图 7-126

③ 选择顶部平面，水平方向收缩（Inset），然后垂直方向进行挤压（Extrude），如图 7-127 所示。

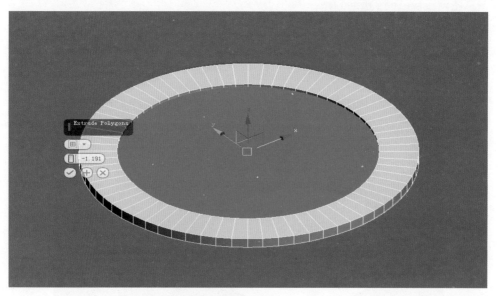

图 7-127

④ 重新创建一个钱孔大小的 Box，将其转换成可编辑多边形，并放置在合适的位置，与上一步所做出的模型相互匹配好，进行布尔运算（Boolean），将其转换成可编辑多边形，如图 7-128 所示。

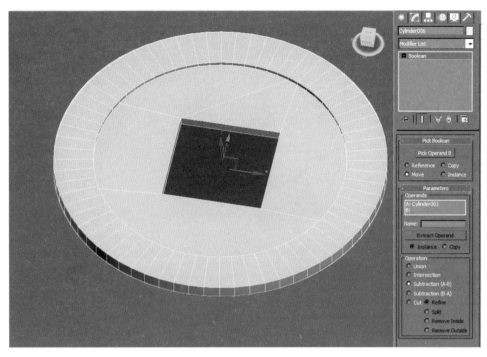

图 7-128

⑤ 对顶部内陷的平面，进行相对应的点连线操作，如图 7-129 所示。

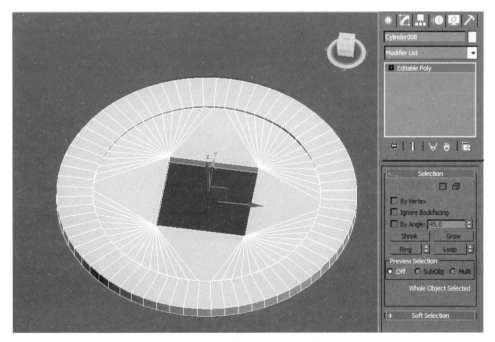

图 7-129

⑥ 对内侧面进行水平方向的挤压 (Extrude)，如图 7-130 所示。

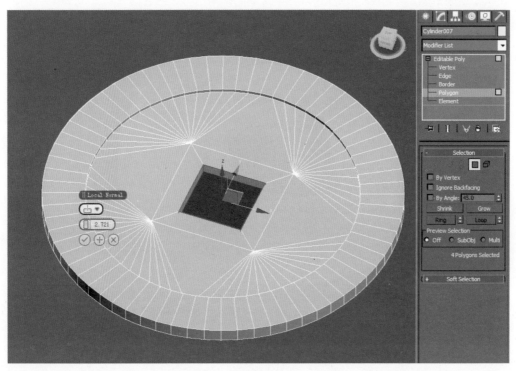

图 7-130

⑦ 对挤压出来的顶部平面，进行垂直方向上的倒角（Bevel），如图 7-131 所示。

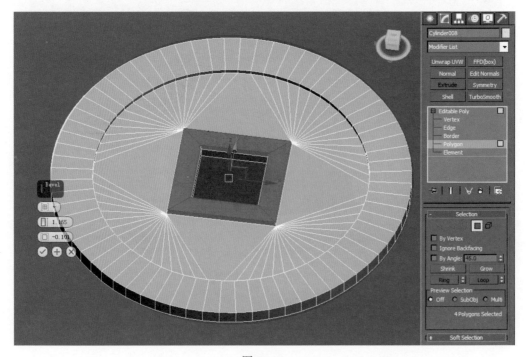

图 7-131

⑧ 分别选择古币内外两侧的一圈环行线，在水平方向上添加一条中线，如图 7-132 所示。

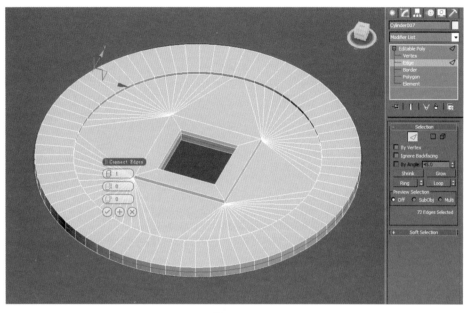

图 7-132

⑨ 删除下半部分模型，打开"吸附"命令，进行点吸附，将模型最下边缘线对齐，如图 7-133 所示。

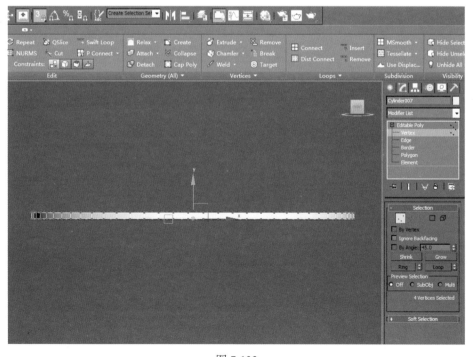

图 7-133

⑩ 打开 "Affect Pivot Only"，将坐标轴吸附于模型下边缘线，如图 7-134 所示。

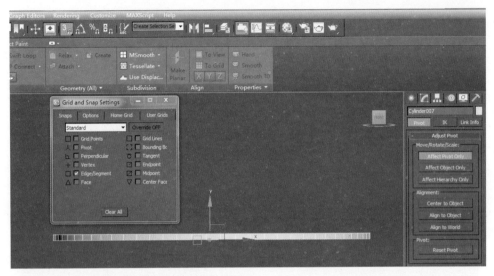

图 7-134

⑪ 相对 *Y* 轴，执行镜像命令 ▶️，选择相关联 "Instance"，如图 7-135 所示。

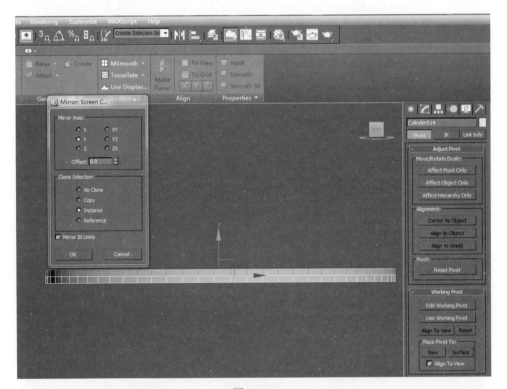

图 7-135

⑫ 对硬的边缘棱角，执行倒角（Chamfer）命令，平滑边缘，如图 7-136 所示。

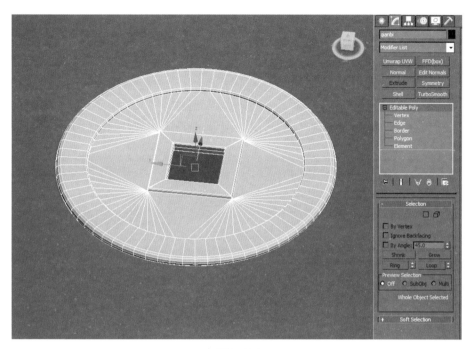

图 7-136

⑬ 对两个模型，进行塌陷（Attach），边界合点。给模型一个平滑组，使其显示更平滑，无硬棱角，模型制作完成，如图 7-137 所示。

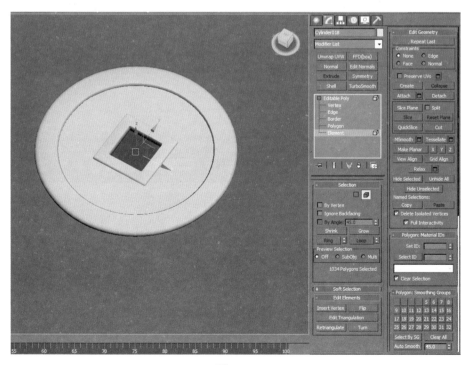

图 7-137

2. UV、材质、AO 及贴图制作

（1）UV

UV 是制作贴图前的基础。是否能绘制出好的贴图，展好 UV 是关键。展 UV 时，应充分合理地利用 UV 空间，使其最大化程度地节省资源，又可保证后期制作贴图的质量。展 UV 时，可使用 Max 自带的棋盘格来实时查看 UV 的合理性。

古钱币展好 UV，并导出 512*512 大小、Png 格式的 UV 贴图，如图 7-138 所示。

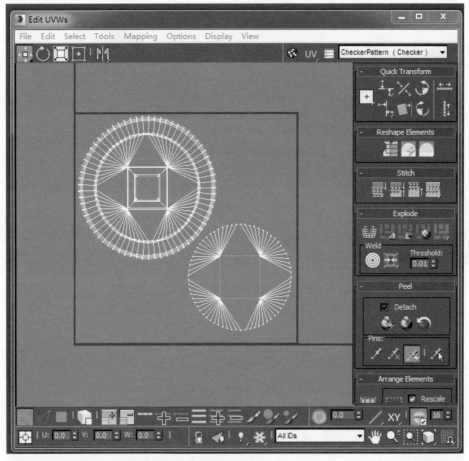

图 7-138

材质用来增加模型的细节，以此体现出模型的真实质感。我们可以通过材质编辑器 (Material Editor) 来建立材质。

古钱币属于金属类材质，所以需要创建一个金属材质。通过对其参数的调整，来达到更加真实的效果。具体步骤如下：

① 选择一个新的材质球，赋给古钱币模型，如图 7-139 所示。

② 调整材质的漫反射颜色（Diffuse）、高光级别（Specular Level）和光泽度（Glossiness），如图 7-140 所示。

图 7-139

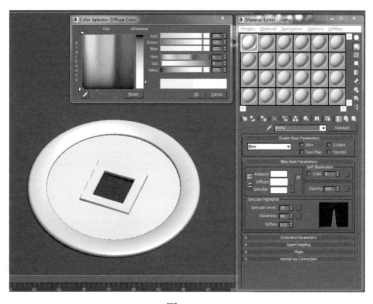

图 7-140

（2）AO

AO 就是阴影贴图。我们利用天光（Skylight）计算出物体之间的阴影关系，并将阴影效果烘焙到贴图上。烘焙 AO 前，我们应该注意的几点：模型是否合点？法线是否正确？模型是否给予了平滑组？环境光是否打开？同时，也可根据需求，在模型底部创建一个面片，适时调整与烘焙模型之间的距离。这样烘焙出来的 AO 会更加凸显模型的体积感。

烘焙 AO 时，我们用到的是天光。古钱币的 AO 烘焙过程如下：

① 场景中打一盏天光，物体模式下选择 Skylight。切记，在编辑栏勾选上阴影投影（Cast Shadows），如图 7-141 所示。

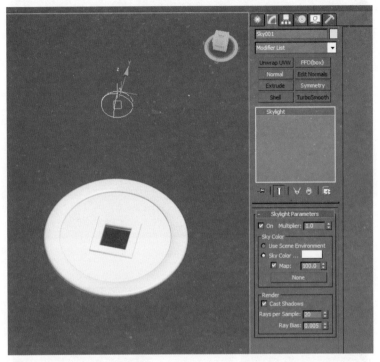

图 7-141

② 点开纹理渲染（Render To Texture），选择好文件保存的位置，如图 7-142 所示。

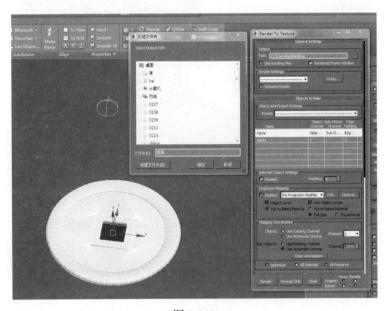

图 7-142

③ 选择物体，Output → Add → LightingMap → Add Elements，如图 7-143 所示。

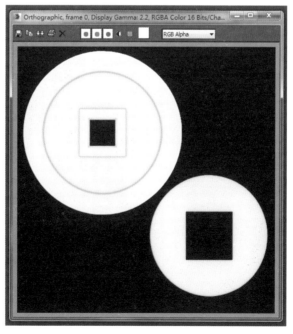

图 7-143

④ 烘焙贴图大小 512*512，进行渲染（Render），得到图 7-144 所示的贴图结果，并将其保存指定路径下。

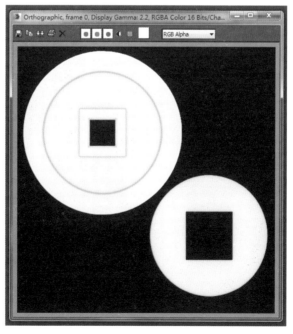

图 7-144

（3）贴图

贴图是物体材质表面的纹理。利用贴图可以不用增加模型的复杂程度就能突出表现对象细节，并且可以创建反射、折射、凹凸、镂空等多种效果，比基本材质更精细更真实。通过贴图可以增强模型的质感，完善模型的造型，使所创建的三维场景更接近现实。

导出 UV 后，我们通常会使用 PS 进行贴图的绘制。若有需求，也可辅助使用 BodyPaint、Mudbox 等绘图软件来完成。此处，钱币使用 512*512，结合之前烘焙的 AO 贴图，使用 PS 进行贴图的绘制。具体步骤如下：

① 在互联网上找到古钱币的正面照片，如图 7-145 所示。

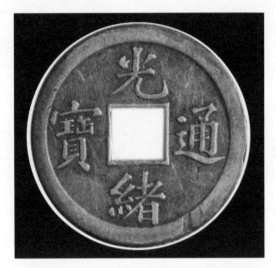

图 7-145

② 在 Photoshop 中，根据 UV 需要，对图片进行修饰和剪裁，如图 7-146 所示。

图 7-146

③ 根据 UV 的摆放位置，将裁剪好的图片对齐整理，如图 7-147 所示。

图 7-147

④ 选择一张合适的材质纹理，对自己手绘的颜色部分进行叠加，以增强其质感，如图 7-148 和图 7-149 所示。

图 7-148

图 7-149

⑤ 将之前烘焙好的 AO 贴图与材质纹理进行叠加，使材质呈现更加真实可信的质感，如图 7-150 所示。

图 7-150

⑥ 将贴图赋给所选材质球，在无环境光模式下显示效果，如图 7-151 所示。

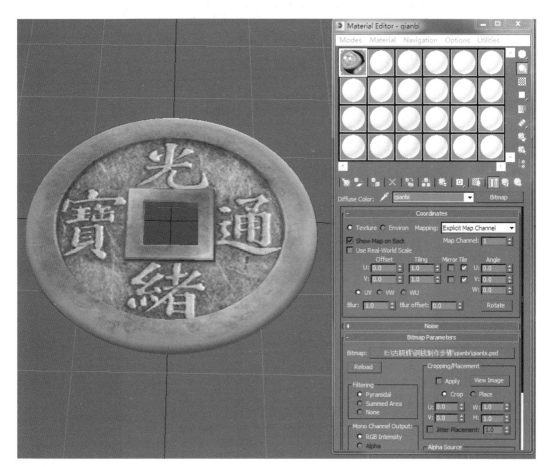

图 7-151

（4）渲染

渲染就是把已有的模型通过计算生成最终的图像。3ds Max 为用户提供了多种渲染方法，不同的渲染方法具有不同的用途。比较常见的有实时渲染、产品级渲染、批处理渲染和 Video Post 编辑器渲染。

为了查看古钱币的材质和灯光的调整效果，可按 <Shift+Q> 组合键进行快速渲染，方便即时调整各参数，以达到最合适的渲染效果，如图 7-152 所示。

确定了渲染效果以后，我们可以使用之前调好的动画渲染出序列帧图片。需要留意的是，渲染帧动画时，我们需要对输出参数进行设置。可按 <F10> 快捷键调出渲染设置窗口，并在 Common 栏下进行设置。其中 Time Output 就是帧动画的输出选项，我们可在 Range 处设置渲染帧范围，根据自己设定的动画帧数需要进行改动；Output Size 处可设置渲染输出时的图片质量；Render Output 处设置输出路径，如图 7-153 和图 7-154 所示。

图 7-152

图 7-153   图 7-154

　　最后单击框体右下角的 Render 按钮进行渲染，得到序列帧图片后，在 Photoshop 中将序列帧组合在一张 1024 的贴图中，如图 7-155 所示。

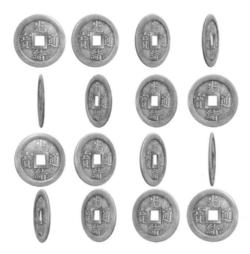

图 7-155

（5）粒子动态效果制作

在 Hierarchy 中创建一个 GameObject，并把 Position 归 0；改名为 Gold COINS。再创建一个粒子 Particle System，改名为 gold，并把 Position 归 0；然后使其成为 Gold COINS 的子物体，如图 7-156 所示。

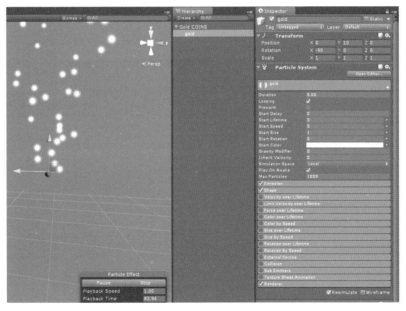

图 7-156

让 gold 向上移动 10 个单位，然后开始对其各个属性进行调整，具体步骤如下：

① 让这个粒子有一个点爆开，并给它一个不同的顺序，如图 7-157 所示。

将发射器类型改为球形，并在 0s、0.03s 和 0.1s 有粒子发射出来（这样粒子就不是同时间发射）。

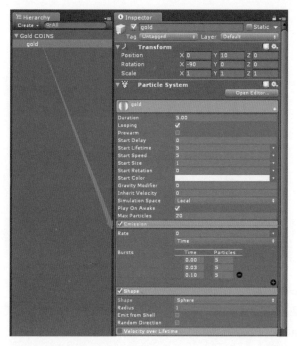

图 7-157

② 给粒子一个 10 ~ 15 的随机发射速度，2s 的生命周期，一个单位为 5 重力场，并关闭循环发射，如图 7-158 所示。

图 7-158

③ 为掉落的粒子添加一个地面的碰撞，让它落地后有一定的反弹，如图 7-159 所示。

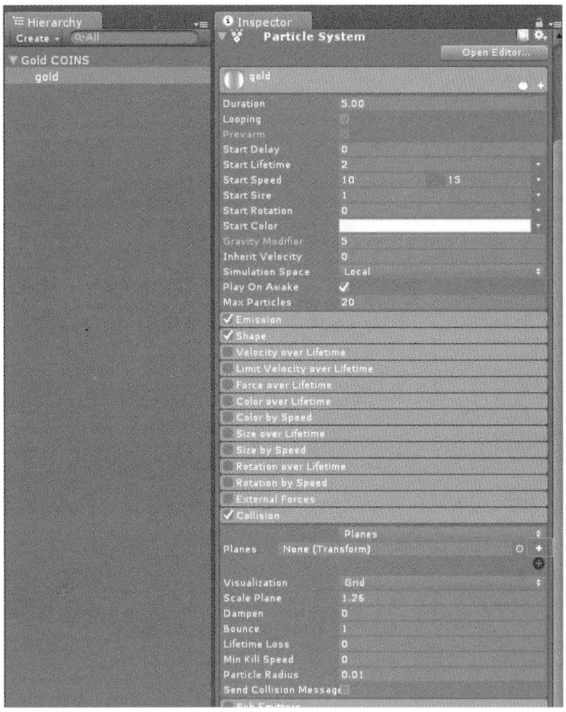

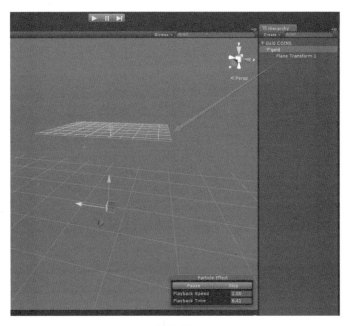

图 7-159

单击图 7-159 中的加号，为对象添加一个碰撞，会生成一个碰撞平面，如图 7-160 所示。

图 7-160

并让这个新的碰撞平面方向面向粒子，如图 7-161 所示。

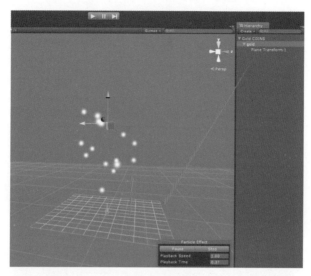

图 7-161

接下来修改刚体的碰撞属性，将 Dampen（阻尼）设为"0.2"，将 Bounce（弹力值）设为"0.8"，如图 7-162 所示。

图 7-162

（6）添加粒子贴图

创建一个名为 gold 的贴图，材质类型改为 Alpha Blended，然后添加给 gold 粒子，如图 7-163 所示。

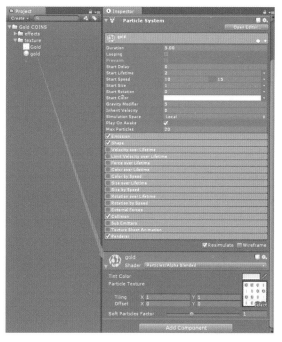

图 7-163

这张贴图为 4×4 序列贴图，所以我们将 Texture Sheet Animation 下的 Tiles 改为 X 和 Y 均改为 "4"，如图 7-164 所示。

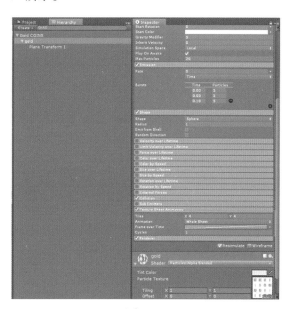

图 7-164

我们会发现粒子在运动过程中自己旋转有些死板，于是再加入一个随机旋转以及初始的随机旋转值，让它更随机一些。

然后就可以将 Hierarchy 里面的 Gold COINS 拖入 Project 中，生成一个名为 Gold COINS 的 Prefab 文件，程序就可以根据需要来调用这个效果了，如图 7-165 所示。

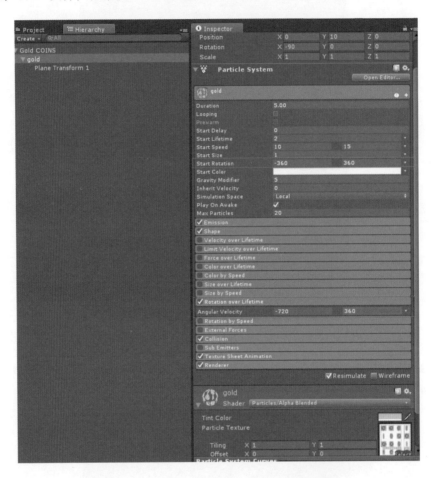

图 7-165

7.3 本章小结

本章主要讲解了三维角色的绑定、走路动画案例以及 Unity 粒子属性解释和案例的讲解，重在了解其类型内容的制作流程和思路。AR 项目中的内容需要多样化，实现方式也有大的不同。制作者需要根据不同的需求来进行分析和制作。

AR 视频内容制作

8.1 AR 通道视频的制作

AR 应用中除了 3D 模型与真实场景结合外，透明视频也是经常用到的素材。比如在场景中放入圆形视频，或者将一个走 T 台的模特通过绿屏抠像呈现在桌面上等，都需要用到通道视频。下面我们从以下几方面为大家讲解如何制作透明视频。

8.1.1 三维软件渲染通道视频素材

在三维影视动画制作中，渲染也是非常关键的一部，它主要包括使用渲染器（如 Mental-Ray、V-Ray、Arnold 等），以及在对应渲染器下调整物体材质、纹理制作、光照布局、渲染设置等操作。

1. 渲染器介绍

3ds Max 软件也为用户提供了很多默认渲染器，这里主要讲另外一个需要独立安装的渲染器 V-Ray（可以在官网下载得到）。VRay 是目前业界最受欢迎的渲染引擎之一。基于 V-Ray 内核开发的有 V-Ray for 3ds Max、Maya、Sketchup、Rhino 等诸多版本，为不同领域的优秀 3D 建模软件提供了高质量的图片和动画渲染。除此之外，V-Ray 也可以提供单独的渲染程序，方便使用者渲染出各种图片。打开 3ds Max，按 <F10> 快捷键，会出现渲染设置菜单栏。如果已经安装了 V-Ray 则在 Renderer 渲染器列表中选择即可，如图 8-1 所示。

图 8-1

2．光源布局简述

把需要渲染的物体导入 Max 场景中，开始布置灯光。灯光布置没有统一的要求和标准，需要制作者从学习的知识中摸索适合项目的布光方式。

在室内摄影中，小范围布光最常用的还是三点布光法。在这个例子中，讲的是简单的一点布光，是用一盏主光源加地面反射，就是要突出物体形体体积感。

通常用主光来照亮场景中的主要对象与其周围的区域，并且担任给主体对象投影的功能。主要的明暗关系由主光决定，包括投影的方向。主光的任务根据需要也可以用几盏灯光来共同完成。如主光灯在 15°～30° 的位置上，称为顺光；在 45°～90° 的位置上，称为侧光；在 90°～120° 的位置上，称为侧逆光。主光常用聚光灯来完成，图 8-2 所示即为本例的布光示意图。

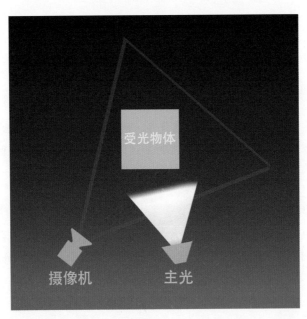

图 8-2

现在导入需要渲染的模型到 Max 场景中，把摄像机（在视图中按 <Ctrl+C> 组合键）按示意图打出来，灯光在恐龙图像上方 45°，用 VRayPlaneLight，地面用 VRayPlane。在 Max 左边侧栏找到灯光 VRayPlaneLight，地面 VRayPlane，如图 8-3 所示。

调整好主光、地面和摄像机的位置，如图 8-4 所示。

接下来进行材质调整，按快捷键 <M> 调出材质库。激活 VRay 渲染器，我们发现材质库里多了 VRay 材质的部分，找到 VRayFastSSS2 材质 █ VRayFastSSS2 附给恐龙。VRayFastSSS2 材质主要用于呈现半透明的皮肤等材质，如图 8-5 所示。

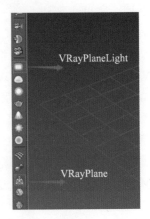

图 8-3

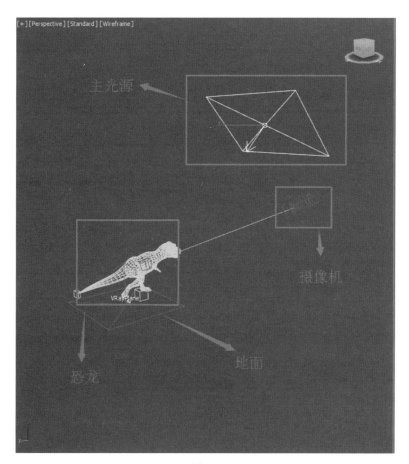

图 8-4

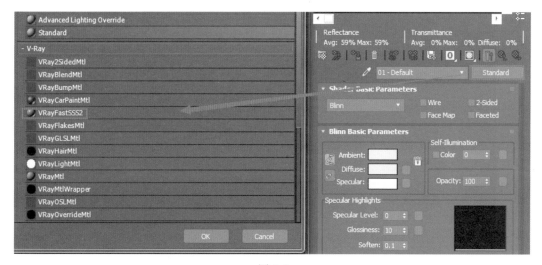

图 8-5

把做好的颜色贴图附给材质球，如图 8-6 所示。

使用渲染器的默认设置，在卷展栏中增加线框颜色通道，如图 8-7 和图 8-8 所示。

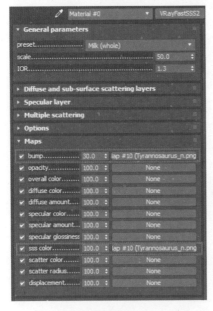

图 8-6

图 8-7

渲染出目标文件，输出图片，如图 8-9 所示。

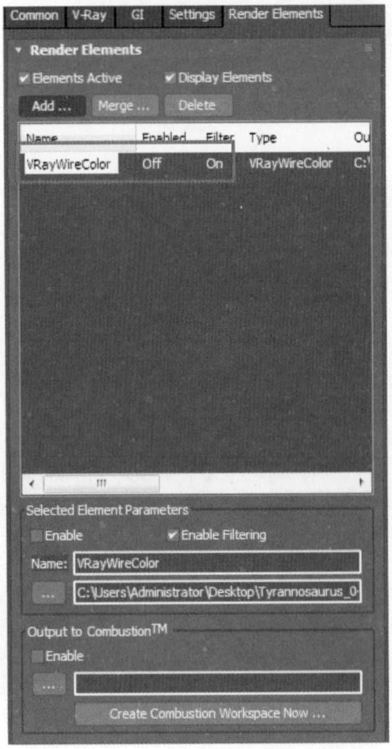

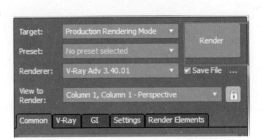

图 8-8

图 8-9

可以在弹出的渲染视窗里选择观看不同的通道贴图，如图 8-10 所示。

图 8-10

这张图包含恐龙线框颜色通道，便于区分恐龙和背景，为合成做准备，如图 8-11 所示。

图 8-11

要得到阴影通道，需要在摄像机里隐藏恐龙，只渲染地面阴影。选择恐龙属性，去掉勾选 Visible to Camera 选项，我们就不会渲染恐龙模型了，如图 8-12 所示。

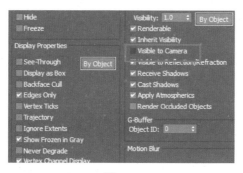

图 8-12

对地面也需要进行设置，单击鼠标右键，选择 V-Ray properties 属性面板，进行勾选，如图 8-13 所示。

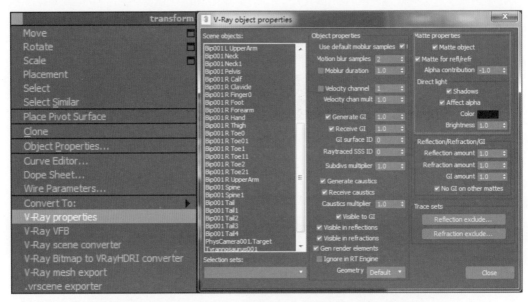

图 8-13

设置完毕后单击渲染（Rander）按钮，就获得了恐龙的阴影通道图层，如图 8-14 所示。

图 8-14

　　上面讲解了单帧烘焙，如果要生成一段动画影片，还需要设置图 8-15 所示的这几个部分。

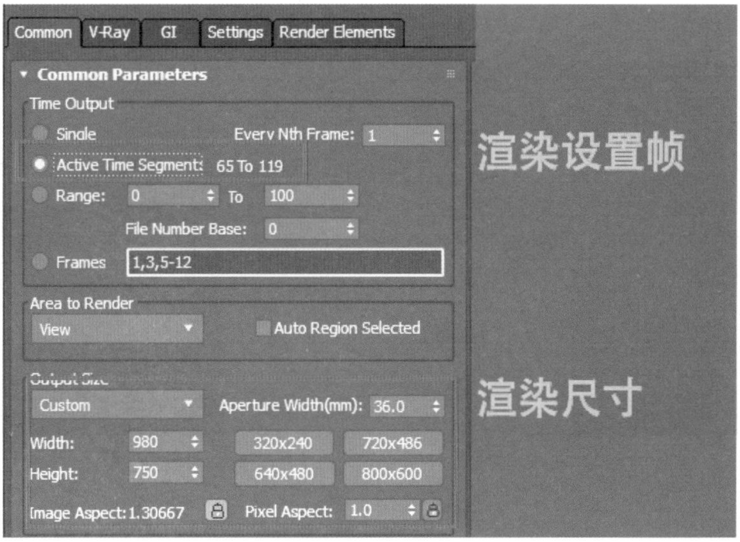

图 8-15

　　设置渲染保存图片路径并且命名。这里渲染的 3 个通道文件分别是 Tyrannosaurus_Color、Tyrannosaurus_WireColor 和 Tyrannosaurus_Shadow。单独渲染每个序列的时候，在后面加如：Tyrannosaurus_Color_0001 就可以了，如图 8-16 所示。

　　在渲染器属性面板中选择 VRay 属性面板，去掉 Enable built-in frame buffer 的勾选。去掉缓存目的是为了同时渲染其他通道，如图 8-17 所示。

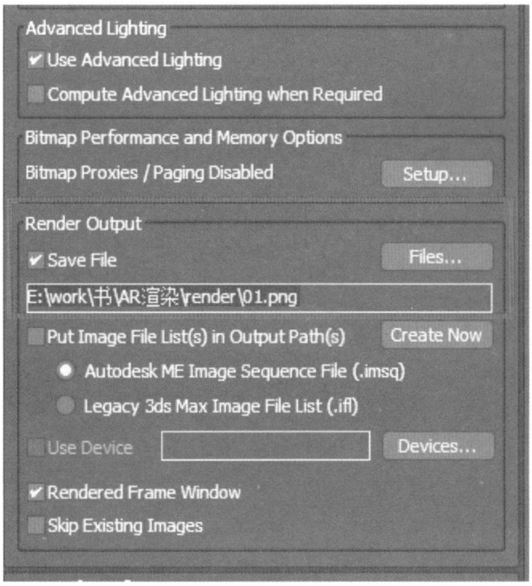

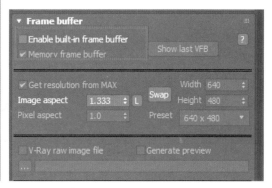

图 8-16　　　　　　　　　　　　　　　　图 8-17

提示 地面的阴影最好在其他渲染完毕后单独渲染。

完成以上设置后，就可以得到 3 个通道的渲染图，如图 8-18 所示。

图 8-18

将渲染不同通道的序列帧图片导入 AE 进行合成就可以得到图 8-19 所示的效果。

图 8-19

综上所述，灯光和渲染在三维影视动画中属于非常重要的环节，基本流程是先将模型进行分层渲染，然后在后期软件中进行校色以及特效叠加处理后再输出成视频格式。AR 项目中会出现大量的视屏资料展示，以及需要把渲染出带有通道的视频内容与现实场景进行叠加的需求。本例对一段恐龙的动画模型进行了渲染输出的操作，只是为了给读者提供一个流程上的参考。

8.1.2　拍摄抠像素材

绿幕拍摄需要一些基本要素，使用的材料、人和物的位置及前后景打的灯光，对绿幕拍摄来说非常重要。选对材料、位置及好的灯光条件，能为之后的抠图工作及蒙版提取节省不少时间。

为了使抠图的过程变得简单，绿幕背景需要完全被灯光照亮，因为阴影很难做抠图，尤其是汗毛、玻璃和液体等具有透明属性的物体，周围的背景灯光更应该注意。目标物体远离绿幕能防止绿幕对物体的反射，而灯光只打到物体上，能完全控制其曝光及光源的方向。

绿幕背景下拍摄什么样的场景决定了要使用什么样的拍摄设置。例如，近景拍摄人物的头部或中景拍摄人物上半身，地面就不用布光。如果需要演员和绿幕有关联，布光的方式会完全不同。

在演员和背景没有关联的情况下，给其上半身布光，背景会有两个画面灯光及针对目标物体的简单的三点照明设置。

基本布置如图 8-20 所示。

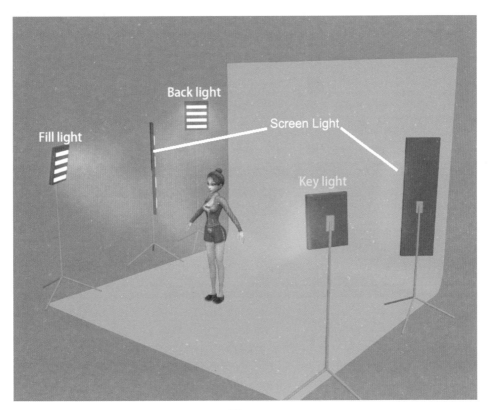

图 8-20

除了绿幕，蓝幕也是比较常用的。之所以选择绿幕或者蓝幕，一方面是因为绿色和蓝色与人的皮肤的颜色差别较大，另一方面是因为 CCD 中绿色的感光单元的数量是红色／蓝色的 2 倍（做成 2 倍的原因是人眼对绿色更敏感），拍摄到的绿色更细致一些，提高后期扣除通道的效率和成功率。

8.1.3 制作透明视频

1. 抠像处理

首先通过以下步骤在 AE 中对拍摄好的视频进行抠像处理。

① 导入录制好视频素材，创建 Composition 合成组。

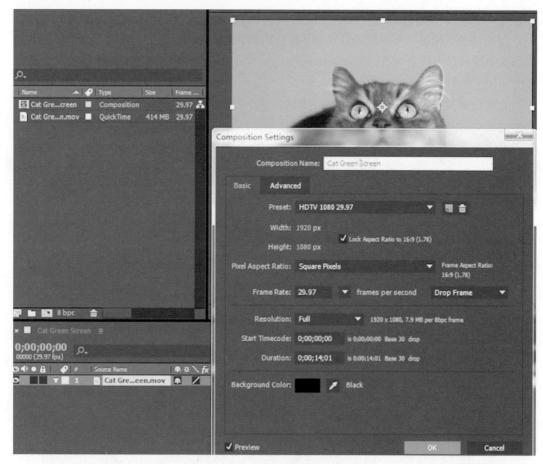

图 8-21

② 为视频层执行 Keylight 命令，如图 8-22 所示。

③ 选择 Keylight 命令，单击 Screen Colour 后颜色吸管，拾取视频中的绿色背景部分。这时被拾取的部分便被透明掉了，通过查看视频 Alpha 便可以看出，如图 8-23 所示。

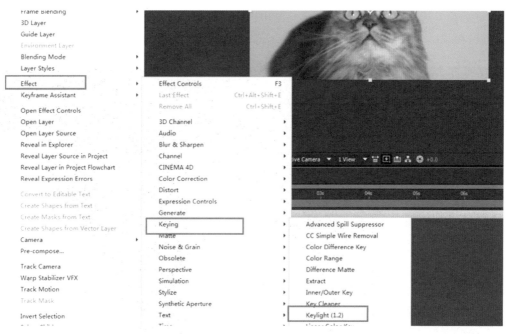

图 8-22

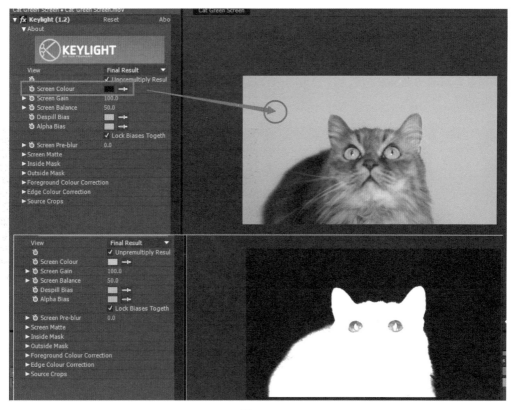

图 8-23

④ 如果发现通道还存在残影或者对象边缘存在没抠干净的部分，可以通过调整各项参数到最佳效果，如图 8-24 所示。

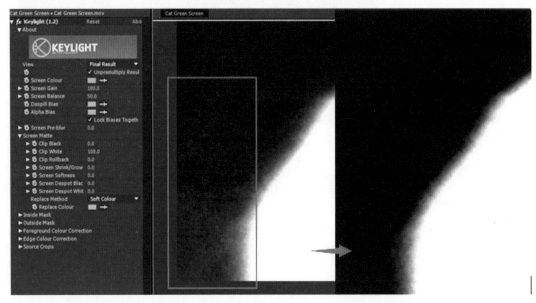

图 8-24

2. 制作 Unity 所需要的透明视频

为了在 Unity 中实现透明视频的播放，我们将视频分为左右两部分。左边为视频的 RGB 信息，右边为 Alpha 信息（黑色透明，白色不透明），如图 8-25 所示。通过 Shader 实现视频的透明。

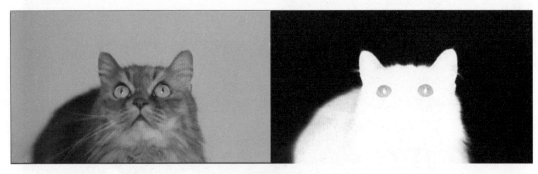

图 8-25

具体制作步骤如下：

① 将尺寸横向放大一倍，靠最左边对齐摆放，并将背景色换为和猫颜色接近的色调（注意，只是左边视频加入背景色）。这样做是为了让 Alpha 裁切后边缘如果有背景色残留的话，不会有明显的边缘线，如图 8-26 所示。

图 8-26

② 将抠好通道的视频复制一层，移动到右侧，如图 8-27 所示。

图 8-27

③ 在右侧视频上加入色相饱和度命令，并将亮度值调整到 100。这时右侧视频内容变为白色，底色为黑色，基本接近需求的效果了，如图 8-28 所示。

图 8-28

④ 制作好后就可以进行最终输出了，渲染设置为无压缩的 AVI 格式，然后通过一些视频压缩工具（如格式工厂等）压缩成 MP4 格式及比较合适的大小即可，如图 8-29 所示。

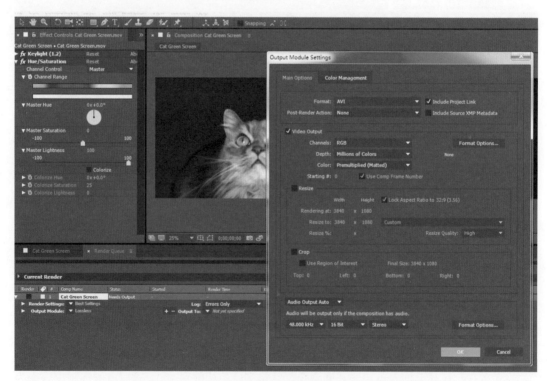

图 8-29

8.2　本章小结

　　本章主要讲解了通过 3D 软件渲染及拍摄绿屏视频两种方式获取通道视频素材的内容，然后在后期软件中进行通道的抠像处理以及制作 Unity 中所需要的透明视频的格式，旨在让读者了解和学习到通道视频的制作过程，为制作大屏互动等 AR 项目中的内容打好基础。

推荐阅读

计算机视觉：模型、学习和推理

作者：Simon J. D. Prince 译者：苗启广 等 ISBN：978-7-111-51682-8 定价：119.00元

计算机与机器视觉：理论、算法与实践（英文版·第4版）

作者：E. R. Davies ISBN：978-7-111-41232-8 定价：128.00元

AR与VR开发实战

作者：张克发 等 ISBN：978-7-111-55330-4 定价：69.00元

VR/AR/MR开发实战——基于Unity与UE4引擎

作者：刘向群 等 ISBN：978-7-111-56326-6 定价：129.00元

推荐阅读

HTML5游戏开发实战

作者: Makzan ISBN: 978-7-111-39176-0 定价: 59.00元

游戏设计师修炼之道：数据驱动的游戏设计

作者: Michael Moore ISBN: 978-7-111-40087-5 定价: 69.00元

Cocos2D应用开发实践指南：利用Cocos2D、Box2D和Chipmunk开发iOS游戏

作者: Rod Strougo 等 ISBN: 978-7-111-42507-6 定价: 99.00元

移动游戏开发精要

作者: Kimberly Unger 等 ISBN: 978-7-111-43413-9 定价: 59.00元

Unity着色器和屏幕特效

作者：James Louis Dean ISBN：978-7-111-57041-7 定价：49.00元

After Effects影视动画特效及栏目包装200+

作者：王红卫 等编著 ISBN：978-7-111-53523-2 定价：79.00元

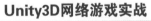

Unity3D网络游戏实战

作者：罗培羽 著 ISBN：978-7-111-54996-3 定价：79.00元

3D打印建模：Autodesk Meshmixer实用基础教程

作者：陈启成 编著 ISBN：978-7-111-53864-6 定价：59.00元